高等学校遥感科学与技术系列教材

数智教育系列教材

遥感数智基础

主编　段延松

副主编　刘亚文　唐敏　季铮

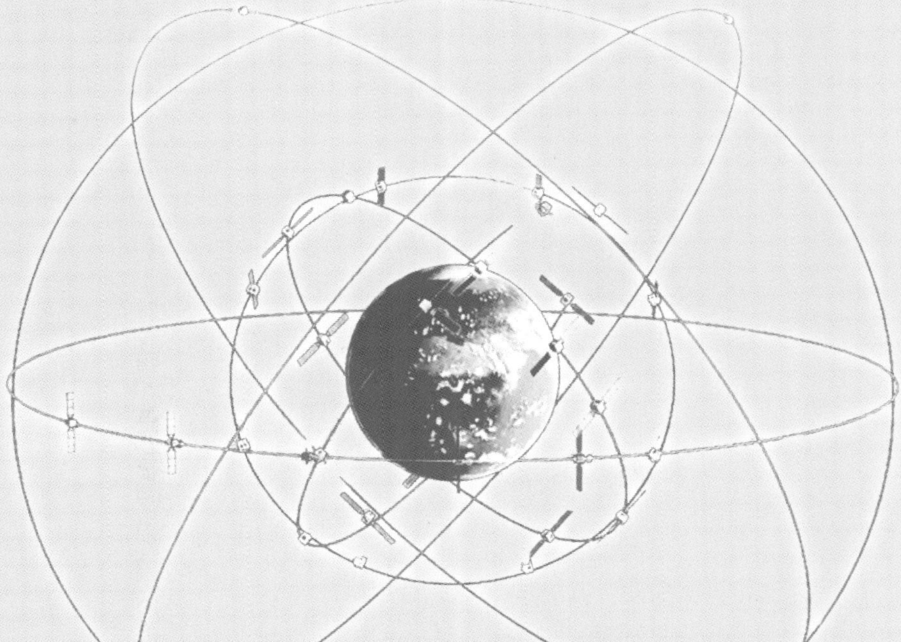

WUHAN UNIVERSITY PRESS
武汉大学出版社

图书在版编目(CIP)数据

遥感数智基础 / 段延松主编 ; 刘亚文,唐敏,季铮副主编. -- 武汉 : 武汉大学出版社,2025.8. -- 高等学校遥感科学与技术系列教材　数智教育系列教材. -- ISBN 978-7-307-25002-4

Ⅰ.TP751.1

中国国家版本馆 CIP 数据核字第 2025V0F695 号

责任编辑:杨晓露　　　责任校对:鄢春梅　　　版式设计:马　佳

出版发行: **武汉大学出版社**　(430072　武昌　珞珈山)

(电子邮箱: cbs22@ whu.edu.cn　网址: www.wdp. com.cn)

印刷:武汉科源印刷设计有限公司

开本:787×1092　1/16　印张:11.5　字数:265 千字　插页:1

版次:2025 年 8 月第 1 版　　2025 年 8 月第 1 次印刷

ISBN 978-7-307-25002-4　　定价:39.00 元

高等学校遥感科学与技术系列教材

编审委员会

序

遥感科学与技术本科专业自 2002 年在武汉大学、长安大学首次开办以来，截至 2022 年年底，全国已有 60 多所高校开设了该专业。2018 年，经国务院学位委员会审批，武汉大学自主设置“遥感科学与技术”一级交叉学科博士学位授权点。2022 年 9 月，国务院学位委员会和教育部联合印发《研究生教育学科专业目录(2022 年)》，遥感科学与技术正式成为新的一级学科(学科代码为 1404)，隶属交叉学科门类，可授予理学、工学学位。在 2016—2018 年，武汉大学历经两年多时间，经过多轮讨论修改，重新修订了遥感科学与技术类专业本科人才培养方案(2018 版)，形成了包括 8 门平台课程(普通测量学、数据结构与算法、遥感物理基础、数字图像处理、空间数据误差处理、遥感原理与方法、地理信息系统基础、计算机视觉与模式识别)、8 门平台实践课程(计算机原理及编程基础、面向对象的程序设计、数据结构与算法课程实习、数字测图与 GNSS 测量综合实习、数字图像处理课程设计、遥感原理与方法课程设计、地理信息系统基础课程实习、摄影测量学课程实习)，以及 6 个专业模块(遥感信息、摄影测量、地理信息工程、遥感仪器、地理国情监测、空间信息与数字技术)的专业方向核心课程的完整课程体系。

为了适应武汉大学遥感科学与技术本科专业新的培养方案，根据《武汉大学关于加强和改进新形势下教材建设的实施办法》，以及武汉大学“双万计划”一流本科专业建设规划要求，武汉大学专门成立了“高等学校遥感科学与技术系列教材编审委员会”。该委员会负责制定遥感科学与技术系列教材的出版规划、对教材出版进行审查等，确保按计划出版一批高水平遥感科学与技术类系列教材，不断提升遥感科学与技术类专业的教学质量和影响力。“高等学校遥感科学与技术系列教材编审委员会”主要由武汉大学的教师组成，后期将逐步吸纳兄弟院校的专家学者加入，逐步邀请兄弟院校的专家学者主持或者参与相关教材的编写。

一流的专业建设需要一流的教材体系支撑，我们希望组建一批高水平的教材编写队伍和编审队伍，出版一批高水平的遥感科学与技术类系列教材，从而为培养遥感科学与技术类专业一流人才贡献力量。

2023 年 2 月

前　言

遥感技术通过从空中观测地球以获取影像，是20世纪的重大科技成就之一，在全球范围内迅速发展并被广泛应用。从卫星接收到的原始遥感资料中，受各种因素影响，地面物体的几何特征和光谱特性发生了变化，因此，原始资料必须经过加工处理后才能使用。然而，遥感数据不仅种类多样，数据量也大得惊人，目前人类每天获取的遥感影像数据达到PB级别。面对如此庞大的数据，如何有效地处理一直是工程难题，为此需要培养具有编程能力的科研人员。

本书紧密结合党的二十大精神，特别是在科技创新、绿色发展以及信息化建设方面的战略部署。我们深知，在全面建设社会主义现代化国家的新征程中，遥感信息处理技术将发挥更加重要的作用。因此，本书不仅注重遥感信息编程基础知识的传授，更强调遥感信息处理技术在国家发展中的应用和实践。

编写程序是理工科学生必备的基本功，理工科院校一般都开设有编程课程。在美国、加拿大等发达国家，它们的知名高校（如麻省理工学院、斯坦福大学等）对计算机编程的要求很高，而且这些高校在课堂中不讲基本语法，直接介绍计算机高效算法的相关知识，基本语法全部由学生自学，这样的做法在国内推行还有一定难度。针对国内高校的实际情况，编者认为学习编程技术还需从计算机基础知识开始，通过基本语法的学习和练习，逐渐掌握计算机编程的本质，最终利用遥感科学与技术为国家的信息化建设和科技创新作贡献。

目前，国内高校非计算机专业的理工类学生在进入大学后就被要求学习计算机编程。然而，很多高校并未开设计算机导论课程，没有给学生学习计算机基础知识的机会，进而导致学生在学习计算机编程时非常吃力。编者认为，在讲述计算机编程前，应让初学者了解计算机基础知识，消除对计算机的神秘感，并了解计算机运行程序的基本原理。

关于计算机编程的书籍非常多，各种级别的都有，有的堪称经典，特别是一些资深教授根据多年经验编写的教材，由浅入深，引人入胜，每本教材都有其突出的特点。本书最大特色在于将计算机编程与遥感技术的需求紧密结合，以易于上手为原则，带领学生掌握基本的编程能力。在讲述过程中，本书同时兼顾C和C++语言，而且推荐学生用更简洁的C++语法，例如在输入输出语法中，直接采用cin和cout，更容易入手。此外，作为一本入门级教材，本书对相关语法知识进行了简化，剔除了部分深入探究的内容，如有些习题集中常看到的分析printf（"%d %d %d"，*p，*p++，*++p，*p+*p++）的处理过程；再如static变量的高级使用、函数指针的使用等。本书简化语法知识的目的有两个：一是有利于初学者入门，尽量讲基础、常用的语法；二是控制教学时间，尽量在48个课时左右（即一个学期内）完成教学。学生掌握了基本语法、可以编写简单程序后，能继续学习更高层次的编程方法，如面向对象程序设计、数据结构、数据库设计等。

本书总体分为遥感技术基础知识和编程基础两部分。第 1 章为遥感信息及计算机基础知识，主要讲述遥感技术相关概念和信息二进制表达相关知识。第 2 章介绍编程环境的搭建。第 3 章到第 9 章讲述 C 语言编程的知识，包括程序基本组成、数据类型和变量、基本语句、数组、指针、函数、结构体和文件，总体上涵盖了 C 语言基本语法和常用语句。

计算机编程是一门实践性极强的课程，单凭听讲和阅读书籍是难以掌握的。必须重视亲自编写程序和上机实践，避免纸上谈兵这一学习计算机编程的大忌。建议课程教学直接在机房进行，学生现场操作，遇到问题可以及时反馈。本书的每个知识点都通过实例代码进行讲解，教师和学生可以在机房通过现场编程来理解和验证。除课堂练习外，学生还应该在课外对习题进行编程实践，遇到问题及时与教师交流。

总之，学习编程虽无捷径，却也不是难事。只要投入时间勤加练习，积累编写数万行代码，自然能够成长为高手。

由于时间仓促，书中谬误、疏漏之处难免存在，恳请各位读者批评指正！

编 者

2025 年 3 月于武汉大学

目　　录

第1章　遥感信息基础

1.1　遥感信息技术

遥感(remote sensing)，从字面上来看，可以简单理解为遥远的感知，泛指一切无接触的远距离探测；从现代技术层面来看，“遥感”是应用探测仪器(一般指传感器/遥感器)对物体的电磁波的辐射、反射特性进行的探测。遥感器是对电磁波敏感的仪器，可在远距离和非接触条件下探测目标地物。

遥感技术通过运用空间运载工具和先进的电子、光学仪器，对远距离研究对象进行探测和识别。它借助现代化的运载工具和传感器，从远距离获取目标物体的电磁波特性(即光谱特性)。任何物体都具有光谱特性，具体地说，它们在吸收、反射、辐射光谱时，会表现出各不相同的性质。在同一光谱区内，各种物体反映的情况不同，而同一物体对不同光谱的反映也有明显差别。同一物体，在不同的时间和地点，由于太阳光照射角度不同，它们反射和吸收的光谱也各不相同。遥感技术就是根据这些原理，对目标地物作出区分和判断。遥感技术通常使用绿光、红光和红外光三种光谱波段进行探测。绿光波段一般用来探测地下水、岩石和土壤的特性；红光波段用来探测植物生长变化及水污染等；红外波段用来探测土地、矿产及资源。此外，还有微波段，用来探测气象云层及海洋鱼群。

遥感系统通常由遥感器、遥感平台、信息传输设备、接收装置以及图像处理设备等组成。遥感器装在遥感平台上，它是遥感系统的重要设备，可以作为照相机、多光谱扫描仪、微波辐射计或合成孔径雷达等。信息传输设备是飞行器和地面间传递信息的工具。图像处理设备(见遥感信息处理)对地面接收到的遥感图像信息进行处理(几何校正、滤波等)，以获取反映地物性质和状态的信息。图像处理设备可分为模拟图像处理设备和数字图像处理设备两类，现在常用的是后者。判读和成图设备是把经过处理的图像信息提供给判释人员，以便其直接进行判释，或用于光学仪器和计算机的进一步分析。通过这一过程，设备能够找出特征，并与典型地物特征进行比较，以识别目标。地面目标特征测试设备通过测试典型地物的波谱特征，为判释目标提供依据。

遥感是人类认识事物的重要手段。人类在19世纪发明了照相术，通过相机和胶片把看到的东西留存起来。照相术仅提供可见光范围内的信息，在需求(特别是在战争)的驱使下，这种成像技术逐渐向红外和微波方向发展。红外线的应用实现了对温度敏感的热成像技术，即使在夜间也能观测到物体；作为主动式遥感手段，微波技术的开发，特别是雷达探测的发展，实现了从地面、空中和空间对物体成像。微波遥感最大限度地减少了天气的干扰，形成了全天时和全天候的探测能力。

20 世纪以来，人类进入空间时代并跨入信息时代，多种新型的遥感平台和探测器连续不断地在多尺度上对地球进行观测，为遥感应用研究源源不断地提供多分辨率、多谱段、多层次、大区域的遥感信息，极大地拓宽了人类的视野。受各种因素影响，如传感器的性能、传感器姿态的不稳定性、大气层以及地形差别的影响等，卫星地面接收站接收到的原始遥感资料中的地面物体的几何特征和光谱特性发生了变化。因此，我们必须对原始遥感资料进行加工处理，才能投入使用。例如，把收集和记录的原始数据，转换为容易处理的数据，这项工作被称为数据管理。又如对影像的几何畸变进行校正，经投影转换使之符合影像要求，这项工作被称为几何校正。

遥感信息处理的目的是改善和提高数据质量，突出所需信息，并充分挖掘信息，提高判读精度，使遥感资料更加适于分析应用。遥感信息处理的方法有很多，包括光学增强处理和计算机数字影像处理以及多源信息复合等。光学增强处理主要有影像放大、假彩色合成、乘积与比值处理、边缘增强处理等。数字影像处理主要有影像增强处理和影像分类处理。影像增强处理包括对比度扩展、空间滤波、影像运算、多光谱变换等。影像分类处理包括监督分类和非监督分类。多源信息复合是将多种遥感平台、多时相遥感数据之间以及遥感数据与非遥感数据之间的信息组合匹配的技术。

遥感影像处理是针对从搭载在卫星或飞机上的摄像装置获取的原始影像，利用相关的算法模型进行加工处理，以提取目标信息的技术。由于原始遥感影像采集过程中存在干扰噪声和几何变形等因素，遥感应用所需的目标信息被大量无关数据淹没，目标影像发生畸变。为了从原始遥感影像中去伪存真，清晰准确地提取目标影像信息，需要进行多层次的遥感影像处理。遥感影像处理流程中涉及的遥感影像处理算法多种多样。最常见的算法有灰度变换、平滑与锐化处理、特征提取、基于内容的分类与识别等。

遥感影像几何校正是通过一组数学模型近似描述像素点和地面点的几何关系，以校正影像的畸变。其基本处理方法是将校正前畸变影像和目标影像映射到输入影像空间[x，y]和输出影像空间[u，v]的网格上进行处理。影像空间内的各网格点分别对应一个像素点。几何校正方法分为正向映射和反向映射两种。正向映射是把畸变影像空间网格上的像素点逐一映射到目标影像空间，此映射过程中会出现一对多或对应空缺的现象，表现为正向映射校正后的目标影像不连贯。反向映射先建立输出影像空间，再将该空间的像素点逐一映射到输入影像空间，使得目标影像的每一个像素点都能在原来的畸变影像中找到对应的像素位置。反向映射避免了正向映射校正影像不连续的缺陷，应用最为广泛。

现代遥感技术已经实现了时空一体、多维探测，具有“广”“细”“精”和“全”等特点。“广”能将整个地球收入眼底，“细”能明察秋毫，“精”能分辨毫厘差异，“全”能覆盖整个电磁波范围。我们很难找到能够如此广泛地为全世界提供科学信息的类似系统，其应用范围之广泛，上达国家元首和最高决策层，下至普通平民百姓。遥感作为现代科学技术的重大成就之一，已成为人们认知客观世界的有力手段，是支持经济社会发展和保护人类生存环境的重要科学技术。

1.1.1　遥感技术的发展历程

战争推动了科学技术的发展，遥感技术也不例外。第一次世界大战促使遥感从地面走向空中，催生了红外探测技术；第二次世界大战使遥感技术走得更远、飞得更高，推动了雷达技术的发展；冷战期间，超级大国之间的激烈竞争，尤其是航天技术的突破，为遥感技术的飞跃奠定了重要基础。气象探测、地形测绘、军事侦察和导弹预警是遥感技术发展的主要驱动力。

随着冷战结束，遥感技术逐渐向民用领域拓展，各类遥感卫星相继发射，其应用重点转向资源勘探、环境监测、灾害评估等领域。这也解释了为何包括我国在内的许多国家将早期遥感卫星命名为“资源卫星”。1972 年，美国发射了第一颗具有业务性质的“地球资源技术卫星”(后更名为“陆地卫星”)，标志着常态化对地遥感观测的开端。此后，多国纷纷效仿并跟进。遥感，特别是卫星遥感，迎来了百花齐放的繁荣局面。截至当前，全球已发射的卫星和其他空间飞行器共有 6000 余个，其中以对地球观测为主要任务的遥感卫星就占了 1/3，它们组成了在不同轨道上、不断对地球进行观测的卫星系统。

遥感对地观测技术以地球为观测对象，经历了地面遥感、航空遥感和航天遥感三个发展阶段。20 世纪 90 年代以来，随着科学技术的进步，遥感技术取得了突飞猛进的发展。新型遥感平台陆续升空，遥感器持续更新换代；传感器频谱范围不断拓宽，从可见光扩展到近红外、红外及微波波段；数据获取方式从多光谱发展到高光谱，空间、光谱和时间分辨率显著提高。高分辨率成像光谱技术已成为 21 世纪国际遥感界的研究热点，也是当代遥感科学发展的重要前沿领域。高空间分辨率和精细光谱分辨率数据的获取，极大地满足了遥感对地观测的需求。遥感技术的发展为各类地学应用提供了新的数据来源和地球探索方式。20 世纪 70 年代以来，我国遥感对地观测事业取得长足进展。航空摄影测量已进入业务化阶段，通过航空摄影测量完成了全国范围地形图的更新，同时开展了不同目标航空专题遥感试验及应用研究，特别是在航空平台的新型传感器试验和系统集成研究方面成效显著，为跟踪国际先进水平、推动传感器国产化作出了重要贡献。1999 年 10 月 14 日，中国—巴西地球资源卫星 CBERS-01 的成功发射，标志着我国拥有了自主的资源卫星。随着空间技术、计算机技术和信息技术的高度发展，以及遥感技术、遥感地质机理和遥感信息模型研究的不断深入，地球系统科学与现代科技的交叉融合催生了许多新概念、新理论和新方法，推进了地球科学信息化进程。与地球科学、数学、物理学、计算机科学和信息科学融为一体的遥感信息科学正在形成。遥感地学分析在数学和物理模型的基础上，正向着更智能化、综合化的方向发展。在遥感信息处理方面，传统方法的基础上，融合了许多前沿理论和方法，如小波变换、神经网络、遗传算法、分形理论、支持矢量机等，从而完善了遥感信息提取技术体系。针对高光谱数据的信息处理方法(如噪声调节变换、正交空间变换、光谱特征匹配、光谱角度填图、混合像元分解等)日趋成熟，部分技术已成功应用于多光谱信息提取，并取得了良好效果。

遥感信息处理软件主要分为几何处理和属性处理两类。遥感信息的几何处理主要表现为摄影测量系统，属性处理主要表现为目标分类与识别系统。

摄影测量系统是基于数字影像与摄影测量的基本原理，综合运用计算机技术、数字影像处理、影像匹配、模式识别等多学科理论与方法，从影像中提取被摄对象几何与物理信息的摄影测量软件。我国著名摄影测量学者王之卓教授将其命名为“全数字摄影测量”(All Digital Photogrammetry)。该系统的主要产品包括数字地图、数字高程模型、数字正射影像、三维景观图等。在摄影测量系统研发方面，中国处于国际领先地位，武汉大学研发的VirtuoZo系统在20世纪90年代就已成为全球三大知名摄影测量系统之一，其后推出的DPGrid系统更是在遥感几何处理领域处于引领地位。

通常所说的遥感处理软件多指属性处理软件，即遥感图像处理软件。目前主流的遥感图像处理软件仍以国外产品为主，最具代表性的产品包括eCognition、ERDAS IMAGINE、PCI Geomatica、ENVI、ER Mapper和Qmosaic等。

1.1.2　遥感技术的现状

经过十余年的发展，遥感技术已成为一项实用化、现代化的空间探测技术，其发展速度十分迅猛，在以下几个方面取得了突破性进展。

1. 科学探索方面

美欧等国外空间强国积极致力于卫星、航空与地面一体化和全球系列的对地观测体系发展，展开了一系列的科学探索计划，如全球综合地球观测系统(GEOSS)、地球观测系统(EOS)、欧洲的全球环境与安全监测计划(GMES)、美国的地球科学事业战略计划(ESE)、日本宇宙航空研究开发机构(JAXA)等，主要致力于提高人类对地球系统的科学认知，以便更有效地应对人类所面临的各种挑战。

2. 数据获取方面

遥感卫星的首要任务就是获取地球观测数据。随着卫星数量的不断增加，数据获取的稳定性得到了有效保障。遥感数据源越来越广泛，呈现出周期性、多源性、多样性的显著特征。如美国的Landsat系列、NOAA系列、EOS系列等；俄罗斯的Resurs系列、GOMS系列、Meteor系列；加拿大的Radarsat系列；法国的SPOT系列；意大利的COSMO-SkyMed；欧盟的ERS系列、MetOp系列；以色列的EROS系列；日本的MOS系列、JERS、ADEOS系列、ALOS系列；印度的IRS系列等。

3. 卫星应用方面

鉴于需求的广泛化和多样化，应用模式向着实用化、产业化和国际化发展。目前，应用服务逐步成为卫星遥感技术发展的牵引力和驱动力，提高了观测的针对性，更能发挥社会效益。在一些关键行业，特别是自然灾害的早期预测预警、灾害过程跟踪监测、灾后救援救助以及应急管理与安全等方面发挥了巨大作用。基于行业—区域—应急信息服务系统的建立将进一步推动卫星遥感应用向精细化、集成一体化、大众实用化发展。

4. 产品服务方面

发达国家不断强化遥感技术研发，其产品生产和服务趋向精细化和大众实用化发展，信息服务普及化程度也在不断提升。继美国Landsat、MODIS等系列卫星数据免费之后，欧盟哥白尼计划发射的哨兵(Sentinel)系列卫星数据也向全球用户免费提供。国际卫星对地观测委员会(CEOS)提出的ARD(Analysis Ready Data，分析就绪数据)概念，为用户提供可直接利用的数据，将遥感数据的实用化发展又推进了一步。

5. 产业发展方面

卫星遥感产业链投入产出比很高，其应用潜力尤为巨大。卫星应用产业已从简单的数据加工服务转变为向用户提供专业卫星应用信息产品的增值运营服务。当前，世界各国都在积极推进遥感产业的商业化运作。其中最具代表性的是总部位于美国科罗拉多州的Maxar Technologies公司，它能提供先进的卫星和空间系统、高分辨率地球影像和地理空间解决方案，在北美乃至全球市场占据相当重要的地位。而在商业模式方面，它仍以数据销售为主，采购用户主要是政府部门。目前，众多公司都在积极探索通过提供增值信息服务来盈利的商业模式，促使商业模式不断升级。

1.1.3 遥感技术的应用领域

遥感技术具有广泛的应用场景，涵盖多个领域和行业，以下是一些主要的应用场景。

1. 自然资源与环境监测

土地资源调查：进行土地利用现状调查、土地资源评价、土地利用规划等。

水资源管理：监测河流、湖泊、水库等水体的水质、水量和水位变化，评估水资源利用情况。

植被覆盖监测：监测森林、草原等植被的覆盖情况和生长状况，评估生态系统的健康状况。

空气质量监测：通过卫星遥感监测大气中的污染物浓度，如$PM_{2.5}$、二氧化硫等。

水质监测：利用遥感技术监测河流、湖泊等水体的水质参数，如浊度、叶绿素含量等。

土壤监测：评估土壤湿度、盐碱度、有机质含量等，对农业生产和土壤保护具有重要意义。

2. 农业与林业

作物监测：监测作物的生长状况、病虫害情况、土壤湿度等，为精准农业提供数据支持。

产量预测：通过遥感数据分析，预测作物的产量和品质，帮助农民合理安排生产和销售。

森林资源评估：评估森林的覆盖面积、生物量、树种分布等，为森林管理和保护提供科学依据。

3. 城市规划与管理

城市扩张监测：监测城市用地的变化，评估城市扩张的速度和趋势。

热岛效应分析：利用红外遥感数据分析城市热岛效应，为城市规划提供参考。

交通规划：结合GIS(地理信息系统)技术，分析交通流量和道路拥堵情况，为交通规划提供依据。

4. 地质与矿产资源勘探

地质构造分析：通过遥感图像分析地质构造，如断层、褶皱等，为矿产资源勘探提供线索。

矿产资源评估：利用遥感技术识别矿化带、矿化蚀变等特征，评估矿产资源的潜力和分布。

5. 自然灾害监测与预警

洪水监测：监测河流、湖泊等水体的水位变化，预测洪水发生的可能性和范围。

地震监测：通过卫星遥感监测地壳形变，为地震预测和灾后评估提供支持。

地质灾害监测：监测滑坡、泥石流等地质灾害的发生和发展，为防灾减灾提供支持。

6. 气象观测与预报

气象卫星观测：利用气象卫星获取全球或特定区域的气象数据，为天气预报和气候研究提供支持。

灾害预警：结合遥感数据和气象模型，对台风、暴雨、洪水等自然灾害进行预警和评估。

7. 海洋监测

海洋温度监测：监测海洋表面的温度变化，为海洋气候和渔业资源的研究提供支持。

海平面变化监测：监测全球海平面的变化趋势，评估其对沿海地区的影响。

海洋污染监测：监测海洋中的油污、塑料垃圾等污染物的分布和扩散情况。

8. 考古与历史文化遗产保护

遗址探测：利用遥感技术探测地下遗迹和古墓葬，为考古发掘提供线索。

文化遗产监测：监测古建筑、壁画等文化遗产的保存状况，评估其受自然和人为因素的影响。

9. 军事与国防

战场侦察：利用遥感技术获取敌方阵地、兵力部署等信息。

边境监控：监测边境地区的动态，防止非法越境和走私活动。

总之，随着遥感技术的持续发展及其应用领域的不断拓宽，其应用场景必将进一步丰富和多样化。

1.1.4　遥感技术的应用步骤

遥感技术主要利用传感器对目标物的电磁波辐射、反射或发射特性进行探测、识别并获取相关信息，然后通过对这些信息的处理、分析和应用，达到对目标物的识别、分类、定位、测量等目的。在地理信息科学中，遥感技术的应用包括如下步骤：

1. 选择传感器与搭载平台

传感器：根据探测对象和探测需求选择合适的传感器，如光学相机(可见光、红外)、雷达、激光扫描仪、微波辐射计等。

搭载平台：传感器可以搭载在飞机、卫星、无人机等平台上，以获取不同空间尺度和时间尺度的地理信息。

2. 数据收集

通过传感器对地面或大气层中的目标进行扫描或拍照，收集目标的电磁辐射信息。卫星遥感可以周期性地覆盖全球或特定区域，提供连续、动态的地表观测数据。

3. 数据传输与处理

数据传输：将收集到的数据传输到地面接收站。

数据处理：对原始数据进行预处理，包括辐射校正、几何校正、大气校正等，以提高数据质量。进行图像增强、信息提取、分类等处理，以获取有用的地理信息。

4. 信息提取与分析

信息提取：利用图像处理技术和地理信息系统(GIS)软件，从遥感图像中提取地物信息，如植被覆盖、土地利用、水体分布、城市扩张等。

信息分析：进行空间分析，如变化检测、趋势分析、模式识别等，以揭示地理现象的空间分布规律和演变趋势。

5. 应用

遥感技术在环境监测、资源管理、灾害预警、城市规划、农业估产、军事侦察等众多领域都有广泛应用。

通过与 GIS、GNSS 等技术的集成，可以构建综合性的地理信息服务系统，为政府决策、科学研究和社会公众提供有力的支持和服务。

1.1.5 遥感技术对编程的需求

遥感信息处理有以下两个重要特点，这驱使人们研究遥感信息程式化处理的新算法、新模型。

1. 数据量大、处理算法繁杂

随着遥感技术在各领域的深入应用，各种业务对遥感数据的空间、光谱和时间分辨率要求不断提高。例如，在气象领域，用户一般要求数据尽快刷新，即要求超短或短周期时间分辨率。在测绘制图领域，用户则要求尽可能高的空间分辨率。在军事侦察领域，用户则要求高空间分辨率和高时间分辨率同时具备。这些要求意味着需要庞大的数据量。遥感图像处理的整个过程包括数据预处理层、数据处理层、信息提取层、知识层和应用层。各层次处理均涉及多种算法，比如预处理层的几何校正：由于遥感平台的高度变化和姿态变化、大气运动的光折射等因素，原始图像具有一定的几何畸变，因此需要通过几何校正来处理这些变形。这个过程要对图像中的每一个像素点进行空间变换和重采样操作，包含大量的计算，如32000×32000 卫星遥感影像的几何校正操作可能需要数百亿次的浮点乘加计算。因此，大量的遥感数据和复杂的计算模型，使得遥感图像处理呈现出数据密集性和计算密集性的特点。

2. 实时性要求高

在军事侦察和气象预报领域，用户对遥感数据的实时性要求较高。常见的遥感系统中，传感器负责采集原始数据，数据经发射装置无线传输至地面接收站，再由遥感图像处理系统进行相应的图像处理，最后将遥感图像处理结果应用到相关业务领域。可以看出，遥感系统工作流程涉及多个环节的数据传输和处理，如果计算机性能落后或者算法不科学，将导致系统响应时间长，难以满足实时性要求高的应用需求。

遥感信息的复杂性和效率需求，时刻对计算机硬件提出新的要求。早在 20 世纪中叶，计算机内存处于 KB 级时代时，遥感信息是 MB 级；当计算机内存发展为 MB 级时，遥感信息已是 GB 级；当代计算机安装 GB 级内存时，遥感信息已达 TB 级。可见，计算机硬件虽然发展迅速，但从未满足过遥感信息处理的要求。那么，如何在有限的计算机硬件资源上进行高效的遥感信息处理？这需要强大的计算机软件设计技术，即先进的算法模型。

计算机的强大之处在于可以通过设计程序解决各种各样的问题，具有很强的灵活性。而如何设计程序(算法)是提高解决问题效率的关键。要设计高效算法，必须从计算机底层出发，在基础上下功夫。比如，用 Java 这种解释型语言就很难实现遥感影像的高效处理。在高性能处理方面，C 语言无疑是最佳选择。

C 语言几乎可以编写所有的程序，而且程序的思路非常清晰，就是一步一步地完成所有功能。它与早期计算机的处理理念完全一致，将解决方案都分解为一个个过程，有开始阶段、中间过程和最终结束阶段。计算机最初的设计也遵循这个规则，从通电启动开始，计算机就一直在按顺序地执行一条条指令，直到关机为止。简单地说，在 C 语言的世界中，每一个程序的核心都是一个 main( ) 函数，其中的语句依次执行。对于比较独立且具有普遍性的操作，可以将其封装为子函数，通过调用这些子函数来完成相应的过程。

1.2　计算机概述

计算机(computer)俗称电脑，是一种用于高速计算的现代化智能电子设备，它可以进行数值计算，也可以进行逻辑计算，还具有存储记忆功能，能够按照程序自动、高速处理海量数据。

计算机是由硬件系统(hardware system)和软件系统(software system)两部分组成的。没有安装任何软件的计算机被称为裸机，裸机是无法使用的。按用途和功能，计算机可分为超级计算机、工业控制计算机、网络计算机、个人计算机和嵌入式计算机等，较先进的计算机有生物计算机、光子计算机和量子计算机等。

在近代计算机技术的发展中，起奠基作用的是19世纪的英国数学家查尔斯·巴贝奇，他于1822年设计的差分机，是最早采用寄存器来存储数据的计算机，属于早期程序设计思想的萌芽。1834年巴贝奇又提出了分析机的设计。巴贝奇设计的分析机采用了三个具有现代意义的装置：使用齿轮式装置保存数据的寄存器；从寄存器中取出数据进行运算的装置，机器的乘法运算以累加来实现；控制操作顺序，选择所需处理的数据以及输出结果的装置。虽然受当时科学技术条件和机械制造工艺水平的限制，分析机未能推广使用，但分析机的结构组成和设计思想成为现代电子计算机的雏形，巴贝奇也因此被计算机界公认为“计算工具之父”，图1-1就是巴贝奇和他的发明。

巴贝奇和差分机

分析机

图1-1 巴贝奇和他的发明

在现代计算机科学的发展中，有两位最杰出的代表人物。一位是现代计算机科学的奠基人——英国科学家艾伦·麦席森·图灵(Alan Mathison Turing，1912—1954年)。图灵在计算机科学方面的贡献主要有两个：一是设计了图灵机(Turing Machine，TM)的理论模型，对计算机的一般结构、可实现性和局限性都产生了深远的影响，奠定了可计算理论的基础；二是提出了定义机器智能的图灵测试(Turing Test)，奠定了人工智能的理论基础。

另一位是被称为“计算机之父”的美籍匈牙利科学家约翰·冯·诺依曼(John von Neumann，1903—1957年)。他在参与研制EDVAC(Electronic Discrete Variable Automatic Computer，离散变量自动电子计算机)时，提出了“存储程序”的概念，并以此为基础确定了计算机硬件系统的基本结构。“存储程序”的工作原理也因此被称为冯·诺依曼原理。现代的电子计算机系统在性能指标、运算速度、工作方式和应用领域等各个方面与早期的电子计算机已经有了极大的差别，但基本结构和工作原理并没有改变，仍属于冯·诺依曼式计算机。冯·诺依曼式计算机采用二进制计数和计算，由5个部分组成，分别是输入设备、输出设备、存储器、控制器和运算器。图1-2是计算机奠基人图灵和冯·诺依曼。

根据制造电子计算机所使用的电子器件的不同，通常将电子计算机的发展划分为电子管、晶体管、集成电路以及大规模集成电路等几个计算机时代。

图灵

冯 · 诺依曼

图 1-2　计算机奠基人图灵和冯 · 诺依曼

1. 第一代计算机(1946—1957 年)

第一代计算机通常被称为电子管计算机。电子管计算机因为体积庞大、笨重、耗电量大、运行速度慢、工作可靠性差、难以使用和维护，且造价极高，所以主要用于军事领域和科学研究工作中的科学计算。图 1-3 是世界上第一台电子管计算机和电子管。

图 1-3　电子管计算机和电子管

2. 第二代计算机(1958—1964 年)

第二代计算机通常被称为晶体管计算机。与电子管计算机相比，晶体管计算机体积减小、重量减轻、耗电量减少、可靠性增强、运算速度提高。其应用范围从军事和科研领域中单纯的科学计算扩展到了数据处理和事务处理。图 1-4 就是晶体管计算机和晶体管。

图 1-4　晶体管计算机和晶体管

3. 第三代计算机(1964—1970 年)

第三代计算机通常被称为集成电路计算机。集成电路计算机的体积、重量、耗电量进一步减小，可靠性和运算速度进一步提高，开始应用于科学计算、数据处理、过程控制等多个领域。集成电路计算机已向通用化、标准化、系列化方向发展。图 1-5 是集成电路计算机和集成电路。

图 1-5　集成电路计算机和集成电路

4. 第四代计算机(1971 年至今)

第四代计算机通常被称为大规模、超大规模集成电路计算机。随着集成电路集成度的大幅度提高，计算机的体积、重量、功耗急剧下降，而运算速度、可靠性、存储容量等迅速提高。多媒体技术的兴起，使计算机将文字、声音、图形、图像等各种不同信息的处理集于一身。计算机的应用已深入人类社会生活的各个领域，特别是计算机技术与通信技术紧密结合构建成计算机网络后，计算机科学技术的发展已进入了以计算机网络为特征的新时代。现代计算机和超大规模集成芯片如图 1-6 所示。

图 1-6　现代计算机和超大规模集成芯片

5. 未来新型计算机

(1)光子计算机。光子计算机是利用光信号进行数据运算、处理、传输和存储的新型计算机。光子计算机是以光子代替电子，用不同波长的光代表不同的数据，远胜于电子计算机中通过电子开关表示的“0”“1”来进行二进制运算。但目前，光子计算机尚难以进入实用阶段。

(2)量子计算机。量子计算机是根据量子力学原理设计，基于原子的量子效应构建的完全以量子比特为基础的计算机。它利用原子的多能态特性表示不同的数据，从而进行运算。

(3)生物计算机。生物计算机即脱氧核糖核酸(DNA)分子计算机，主要由生物工程技术产生的蛋白质分子组成的生物芯片构成，通过控制 DNA 分子间的生化反应来完成运算。

1.2.1　计算机硬件组成

传统计算机系统最核心的硬件包括运算器(又称算术逻辑单元)、控制器(又称控制单元)及存储器(又称记忆单元)，为了与外界交换信息，还包含输入单元和输出单元，一共 5 个部分。算术逻辑单元和控制单元合称中央处理单元(Central Processing Unit，CPU)。输入单元主要包括键盘、鼠标、触摸屏、摄像头、各种数据盘等；中央处理器则含有算术逻辑、控制、记忆等单元；输出单元主要包括显示器、打印机、扬声器、各种数据盘等。

CPU 作为一个具有特定功能的芯片，里面有微指令集，负责数据的管理与运算。CPU 的算术逻辑单元主要负责程序运算与逻辑判断，控制单元主要协调各组件与各单元间的工作。CPU 读取的数据是从内存调用的，内存中的数据则来源于输入单元(如硬盘)。CPU 处理完的数据必须先写入内存，然后从内存传输到输出单元。

为了便于人们更加快捷地操作电脑，目前市面上的计算机，尤其是个人计算机(Personal Computer，PC)都已采用高度模块化的设计，只需要将各个模块拼接起来就可以投入使用。如果某个模块出现问题，只需要单独更换该问题模块，无须将计算机整体报废。

按照 PC 的模块组成，普通 PC 通常包含以下部分：

1. 电源

计算机属于弱电产品，其部件的工作电压比较低，一般在±12V 以内，通常包含 5V、12V、3.3V，且都是直流电。普通的市电为电压 220V(有些国家为 110V)的交流电，不能直接供计算机部件使用。因此，计算机与许多家电一样，需要一个电源转换部分，负责将普通市电的电压转换为计算机可用的电压。电源转换部分一般安装在计算机内部。计算机核心部件的工作电压非常低，但工作频率却非常高，因此对电源性能的需求比较严格。电源性能的好坏直接影响其他设备工作的稳定性，进而影响整机的稳定性。而笔记本电脑通常自带可充电的锂离子电池作为电源。常用的个人计算机电源如图 1-7 所示。

图 1-7　个人计算机电源(台式)

2. 主板

主板是电脑各个部件工作的平台，它把电脑的各个部件紧密地连接在了一起。各个部件可通过主板进行数据传输。也就是说，电脑中重要的“交通枢纽”都位于主板上，主板的稳定性影响着整机工作的稳定性。

主板上面负责各个组件通信的是芯片组。芯片组一般分为南桥与北桥，南桥负责 CPU/RAM/VGA 等快速设备的连接，北桥则负责连接速度较慢的 I/O 设备，如硬盘、USB 设备等。主板上每个 I/O 设备都有自己独立的地址，CPU 可以根据 I/O 地址控制设备。主板将相关设备的参数记录在 CMOS 中，设备参数包括系统时间、CPU 电压与频率、各个设备的 I/O 地址等。CMOS 是非常小的存储器，记录和保存参数需要电力，因此主板上有块电池。主板中还有一个最基本的程序，被称为 BIOS(Basic Input Output System)程序。BIOS 程序在开机通电后就会自动执行，并加载 CMOS 中的参数，尝试调用存储设备中的系统软件，启动操作系统。常用的个人计算机主板如图 1-8 所示。

3. CPU

CPU 即中央处理器，是一台计算机的运算核心和控制核心。其功能主要是解释计算机指令以及处理计算机软件中的数据。CPU 由运算器、控制器、寄存器、高速缓存及实现它们之间联系的数据、控制及状态总线构成。作为整个系统的核心，CPU 也是整个系

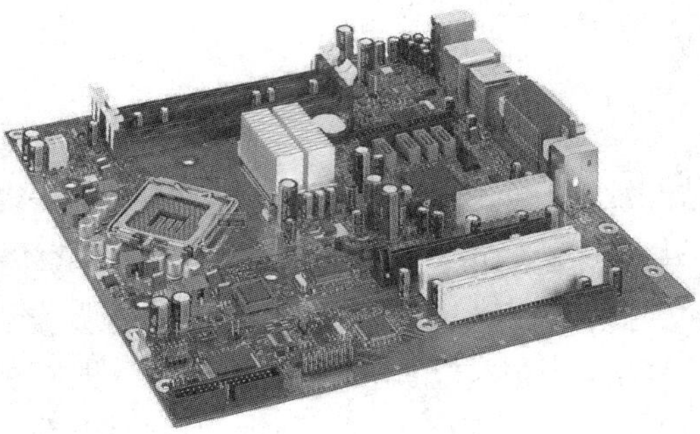

图 1-8　个人计算机主板

统中最高的执行单元，因此 CPU 是决定电脑性能的核心部件，很多用户以它的档次来判断电脑的档次。

单核 CPU 仅有一个运算单元，而目前主流的 CPU 都是多核架构。所谓的多核则是在一个 CPU 封装中嵌入了两个及以上的运算内核，简单来说，就是一个实际的 CPU 外壳中含有两个及以上的 CPU 单元。

影响 CPU 性能的因素，除了微指令集外还有频率(CPU 每秒可以进行的运算次数)。频率分为外频与倍频。外频指的是 CPU 与外部组件进行数据传输/运算时的速度，倍频是 CPU 内部用来加速工作性能的一个倍数，两者相乘才是 CPU 的频率。CPU 与内存的通信速度靠的是外频，而 CPU 运算用的是相乘后的频率。CPU 每次能够处理的最大数据位数被称为字组大小(word size)，字组大小取决于 CPU 的设计，通常分为 32 位和 64 位两种。我们通常所说的计算机是 32 位或 64 位，也是依据 CPU 所能解析的字组大小而来的。常用的个人计算机 CPU 如图 1-9 所示。

图 1-9　个人计算机 CPU

4. 内存

内存又叫内部存储器或者随机存储器(Random Access Memory，RAM)。内存属于电子式存储设备，由电路板和芯片组成，特点是体积小、速度快，有电可读写，无电清空，即电脑在开机状态时内存中可存储数据，关机后将自动清空其中的所有数据。

CPU 计算时所使用的数据都来自内存，不论是软件程序还是数据，都必须载入内存后 CPU 才能利用。如果计算机内存容量小，CPU 需要的数据没有先载入内存，此时计算机需要先从硬盘中读数据到内存中。由于硬盘的读写速度比内存慢很多，计算机使用者会明显感觉到计算机的运行速度变得很慢。可见，计算机内存的容量直接影响计算机的性能，特别是对服务器性能而言，内存的容量比 CPU 运算速度还要重要。常用的个人计算机内存如图 1-10 所示。

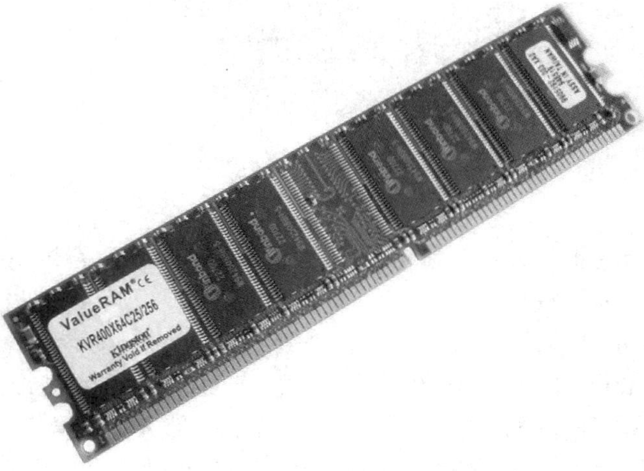

图 1-10　个人计算机内存

5. 硬盘

硬盘属于外部存储器。硬盘有固态硬盘(SSD，新式硬盘)、机械硬盘(HDD，传统硬盘)、混合硬盘(HHD，一块基于传统机械硬盘诞生出来的新硬盘)。SSD 采用闪存颗粒来存储，HDD 采用磁性碟片来存储，HHD 是把磁性碟片和闪存颗粒集成到一起的一种硬盘。

机械硬盘由金属磁片制成，磁片有记忆功能，所以存储到磁片上的数据，不论是在开机还是关机时，都不会丢失。

固态硬盘用固态电子存储芯片阵列制成，由控制单元和存储单元(Flash 芯片)组成。固态硬盘在产品外形和尺寸上与普通硬盘差不多，但是响应速度比机械硬盘快很多。

硬盘的容量以兆字节(MB/MiB)、千兆字节(GB/GiB)或百万兆字节(TB/TiB)为单位。常见的换算关系为：1TB = 1024GB，1GB = 1024MB，1MB = 1024KB。硬盘厂商通常在标注产品容量时用的换算关系是 1GB = 1000MB，所以在 Windows 系统中，我们看到的容量会比厂家的标称值小。常用的个人计算机硬盘如图 1-11 所示。

6. 显卡

显卡(video card/display card/graphics card/video adapter)，是个人计算机的基本组成部分之一，功能是将计算机系统所需要的显示信息进行转换，向显示器提供逐行或隔行扫

图 1-11　个人计算机硬盘

描信号，控制显示器的正确显示。显卡是连接显示器和个人计算机主板的重要组件，是“人机”交流的重要设备之一。

显示芯片（video chipset）是显卡的主要处理单元，又称为图形处理器（Graphic Processing Unit，GPU），GPU 是 NVIDIA 公司在发布 GeForce 256 图形处理芯片时首先提出的概念。GPU 提高了电脑的图形显示性能，并完成了部分原本属于 CPU 的工作。

显卡的性能指标主要有核心频率、显存频率、流处理器数量、流处理器频率、显存带宽和显存大小等。显卡的核心频率是指显示芯片的工作频率，与 CPU 类似，频率越高，性能越强。显存频率是指显存读取数据的时间周期，周期越短，频率越高，速度越快。

显卡的图形处理器 GPU 由流处理器单元组成，每个流处理器单元都能实现显卡的运算功能，因此与多核 CPU 类似。流处理器单元越多说明 GPU 可以同时处理的数据量越多，性能也就越强。流处理器数量的多少是决定显卡性能高低的重要指标。NVIDIA 公司和 AMD 公司也在不断地增加显卡的流处理器数量，使显卡的性能达到跳跃式提升。现代 GPU 内的流处理器单元数已经达到几千个，在一些特殊运算的并行运算能力方面远远超过 CPU，因此 GPU 已经成为高性能计算的首选平台。特别是在人工智能、机器学习、大规模模拟计算等对并行运算能力要求高的领域，GPU 发挥着重要作用。

显存，也被叫作帧缓存，如同计算机的内存一样，显存是用来存储要处理的图形信息的部件。我们在显示屏上看到的画面是由一个个像素点构成的，而每个像素点都以 4 至 32 位甚至 64 位的数据来控制它的亮度和色彩，这些数据必须通过显存来保存，再交由显示芯片处理，最后把运算结果转化为图形输出到显示器上。由此可见，显存的带宽和大小直接影响到显卡的整体性能。常用的个人计算机显卡如图 1-12 所示。

7. 网卡

网卡是一个被设计用来允许计算机在网络上进行通信的硬件。它使用户可以通过电缆或无线方式相互连接，是构建局域网并连接到 Internet 的重要设备之一。根据连接方式，网卡可分为有线网卡和无线网卡，有线网卡通过一根 8 芯的双绞线与网络连接，而无线网卡通过 Wi-Fi 信号与网络连接。每一个网卡都有一个被称为 MAC 地址的唯一的 48 位串行

图 1-12　个人计算机显卡

号，串行号被存储在卡上的 ROM 中。在网络上的每一台计算机都必须拥有一个独一无二的 MAC 地址，否则就会混淆，无法正常通信。按照支持的传输速率，网卡主要分为 10Mbps 网卡（十兆网卡）、100Mbps 网卡（百兆网卡）、1Gbps 网卡（千兆网卡）和 10Gbps 网卡（万兆网卡），万兆网卡通常用光纤通信，又称作光纤网卡（Fiber Ethernet Adapter）。

使用网卡联网时需要给网卡分配一个 IP 地址，没有 IP 地址则无法上网。分配 IP 地址的方式有自动分配和手动指定两种。无线网卡的用户一般用自动分配方式获取 IP，而有线网卡的用户可根据需要选择分配方式。常用的个人计算机网卡如图 1-13 所示。

图 1-13　个人计算机网卡

8. 显示器

显示器（monitor/display）通常也被称为监视器，是一种将电子信号转换并显示，供用户直接读取信息的设备。显示器可分为阴极射线管显示器（CRT）、等离子显示器（PDP）、液晶显示器（LCD）等，接口有 VGA、DVI、HDMI、DP 等。

根据显示效果，显示器又分为普通显示器和 3D 显示器。3D 显示器一直被认为是显示技术发展的终极梦想，多年来有许多企业和研究机构从事这方面的研究。日本、韩国等发达国家和欧美地区在 20 世纪 80 年代就已经纷纷涉足 3D 技术的研发，于 90 年代开始陆续获得不同程度的研究成果，现已开发出佩戴立体眼镜和无须佩戴立体眼镜的两大立体显示技术体系。3D 显示器需要两组图像(来源于在拍摄时互成角度的两台摄影机)，用户需戴上偏光镜才能消除重影(让一只眼睛只看一组图像)，形成视差(parallax)，产生立体感。

显示器的参数包括尺寸、分辨率、刷新率等。

显示器的尺寸一般是指它的可视面积，单位为英寸，通常以屏幕可视部分的对角线长度来定义。

显示器的分辨率就是屏幕上显示的像素点数，分辨率为 1920×1080 的意思是水平方向像素数为 1920，垂直方向像素数为 1080，在屏幕尺寸一样的情况下，分辨率越高，显示效果就越精细、越细腻。

显示器的屏幕每秒钟刷新次数，以 Hz(赫兹)为单位，刷新频率越高，图像就越稳定，图像显示就越自然清晰，对眼睛的影响也越小。刷新频率越低，图像闪烁和抖动得就越厉害，眼睛疲劳得就越快。一般来说，如能达到 80Hz 以上的刷新率就可完全消除图像闪烁和抖动感，眼睛也不太容易疲劳。常用的个人计算机显示器如图 1-14 所示。

图 1-14　个人计算机显示器

9. 键盘

键盘(keyboard)是最常用，也是最主要的输入设备。通过键盘可以将英文字母、数字、标点符号等输入计算机中，从而向计算机发出命令、输入数据等。键盘的按键数曾出现过 83 键、87 键、93 键、96 键、101 键、102 键、104 键、107 键等。104 键的键盘在 101 键键盘的基础上为 Windows 平台增加了 3 个快捷键，所以也被称为 Windows 键盘。107 键的键盘是为了贴合日语输入而单独增加了 3 个键。键盘通常具有 Caps Lock(字母大小写锁定)、Num Lock(数字小键盘锁定)、Scroll Lock(滚动锁定)三个指示灯用来显示键盘的当前状态。键盘与计算机的连接方式有有线和无线两种，有线键盘的常见接口有 PS/2、USB 等，无线键盘常用的通信方式有蓝牙和 2.4G 无线网络协议。常用的个人计算机键盘如图 1-15 所示。

10. 鼠标

鼠标又称鼠标器(mouse)，是计算机的输入设备之一，也是计算机显示系统纵横坐标

图 1-15 个人计算机键盘

定位的指示器，因形似老鼠而得名。鼠标代替了一些烦琐的键盘指令，使计算机的操作更加简便快捷。

鼠标是 1964 年由加州大学伯克利分校博士道格拉斯·恩格尔巴特(Douglas Engelbart)发明的。道格拉斯·恩格尔巴特很早就在考虑如何使电脑的操作更加简便，用什么手段来简化由键盘输入的烦琐指令。他发明鼠标后，为鼠标申请专利的名字为显示系统 X-Y 位置指示器。

标准的鼠标有左、中、右三个键和滚轮，底部有滚球或者光学传感器。鼠标可发出前后左右移动信号、三个键按下和弹起信号、滚轮滚动信号，计算机操作系统以及其他软件根据这些信号可以实现相应的功能。例如在阅读文档的时候，用户可以滚动滚轮来快速上下滚动页面，非常方便，深受用户欢迎。现在很多鼠标的滚轮与中键合并，滚轮可以被按下和弹出，实现中键功能。常用的个人计算机鼠标如图 1-16 所示。

图 1-16 个人计算机鼠标

1.2.2 计算机软件系统

计算机软件是指运行在计算机上的各种程序、数据及相关的文档资料。计算机软件通常被分为系统软件和应用软件两大类，虽然各自的用途不同，但它们都是存储在计算机存储器中的程序或数据。最基础的计算机系统软件是操作系统(Operating System，OS)。从计算机用户的角度来说，计算机操作系统体现在其提供的各项服务；从程序员的角度来说，其主要是指用户登录的界面或者接口；从设计人员的角度来说，就是指各式各样模块和单元之间的联系。

计算机操作系统由一系列具有不同控制和管理功能的程序组成，它是直接运行在计算机硬件上的最基本系统软件，是运行其他软件的平台。操作系统是计算机发展的产物，它的主要功能有两个：一是方便用户使用计算机，是用户和计算机的交互平台，它提供了大量简单易记的指令或操作，用户只需使用这些指令和操作就可以实现复杂的功能；二是统一管理计算机的全部资源，合理组织计算机工作流程，以便充分、合理地发挥计算机的效率。操作系统通常包括以下五大功能：

(1)作业管理功能。实现某个任务所需资源的组织与调度，为用户提供使用计算机的界面，使用户方便地运行自己的作业，并对进入系统的作业进行调度和控制，尽可能高效地利用系统资源。主要包括：①进程控制：创建和撤销进程，分配资源、资源回收，控制进程运行过程中的状态转换。②进程同步：通过进程互斥(为每个临界资源配置一把锁)等手段，为多个进程运行进行协调。③进程间通信：实现相互合作的进程之间的信息交换。

(2)存储器管理功能。存储器管理的主要任务是为多道程序的运行提供良好的环境，方便用户使用存储器，提高存储器的利用率，并能从逻辑上扩充内存。主要包括：①内存分配：静态分配、动态分配。②内存保护：确保每道用户程序都只在自己的内存空间内运行，彼此互不干扰。一种比较简单的内存保护机制是设置两个界限寄存器。③地址映射：将地址空间中的逻辑地址转换为内存空间中与之对应的物理地址。④内存扩充：借助于虚拟存储技术，逻辑上扩充内存容量。

(3)设备管理功能。设备管理的主要任务是完成用户进程提出的 I/O 请求，为其分配所需的 I/O 设备；提高 CPU 和 I/O 设备的利用率，提高 I/O 速度，方便用户使用 I/O 设备。主要包括：①缓存管理：缓和 CPU 和 I/O 设备速度不匹配的矛盾。②设备分配：根据用户进程的 I/O 请求、系统现有资源情况以及设备的分配策略，为进程分配所需的设备。③设备处理：用于实现 CPU 和设备控制器之间的通信。

(4)文件管理功能。文件管理的主要任务是对用户文件和系统文件进行管理，方便用户使用，并保证文件的安全性。主要包括：①文件存储空间的管理：为每个文件分配必要的磁盘空间，提高磁盘的利用率，提高文件系统的存、取速度。②目录管理：为每个文件建立目录，并有效地组织目录项，以方便用户使用。③文件的读/写管理和保护。

(5)提供用户界面。操作系统提供了一个用户与系统交互的界面，以方便用户使用。操作可以是简单的按钮、命令行输入输出界面或图形化界面。操作系统接受用户输入的指令或信息，并及时响应，将处理状态或处理结果反馈给用户。

经过几十年的发展，计算机操作系统已经由一开始的简单控制循环发展成为较为复杂的分布式操作系统。伴随着计算机用户需求的多样化，计算机操作系统已经变得既复杂又庞大。

现在最主流的操作系统包括 Windows 系列操作系统、类 Unix 操作系统、MacOS 操作系统、Android 操作系统等。

Windows 系列操作系统是微软(Microsoft)在给 IBM 机器设计的 MS-DOS 的基础上设计的图形操作系统。Windows 系列主要包括 MS-DOS、Windows95、Windows98、WindowsXP、Windows2000、WindowsVista、Windows7、Windows10 等，其中一些版本提供了用于服务器的 Server 版。根据运行的硬件环境不同，Windows 版本分为 32 位版和 64 位版，32 位版可

以运行在 32 位和 64 位硬件平台上，而 64 位版只能运行在 64 位硬件平台上。近年来，由于人们对开放源代码的操作系统兴趣的提升，Windows 的市场占有率有所下降，但 Windows 操作系统在世界范围内仍然占据了桌面操作系统 90%的市场份额，Windows 操作系统的主界面如图 1-17 所示。

图 1-17 Windows 操作系统

类 Unix 操作系统是一族种类繁多的 OS，主要包含 System V、BSD 与 Linux。Unix 是 The Open Group 的注册商标，特指遵守此公司定义的行为的操作系统，而类 Unix 通常指的是比原先的 Unix 包含更多特征的 OS。类 Unix 系统可在多种处理器架构下运行，在服务器系统上有很高的使用率，例如大专院校或工程应用的工作站。1991 年，芬兰学生林纳斯·托瓦兹根据类 Unix 系统 Minix 编写并发布了 Linux 操作系统内核，其后在理查德·斯托曼的建议下以 GNU 通用公共许可证发布，成为自由软件 Unix 的变种。Linux 近年来越来越受欢迎，它们在个人桌面计算机市场上也大有斩获，例如 Ubuntu 系统。

经过多年的发展，自由开源的 Linux 系统逐渐取代了一些专利软件的领域，例如，以往的计算机动画运算巨擘——硅谷图形公司(SGI)的 IRIX 系统已被 Linux 家族及贝尔实验室研发小组设计的九号项目与 Inferno 系统取代，皆用于分散表达式环境。它们并不像其他 Unix 系统，而是选择内置图形用户界面。九号项目一开始并不普及，因为它刚推出时并非自由软件。后来改在自由及开源软件许可证 Lucent Public License 发布后，便开始拥有广大的用户及社群。

相对 Windows 系统在个人电脑上的应用，Linux 系统更多应用于专业计算领域。当前，计算能力排名世界 500 强的计算机中，有 472 台使用 Linux，6 台使用 Windows，其余为各类 BSD Unix。Linux 操作系统的主界面如图 1-18 所示。

MacOS 操作系统，又称“MacOS X”或“OS X”，是一套运行于苹果 Macintosh 系列计算机上的操作系统。MacOS 是首个在商用领域应用成功的图形用户界面系统。Macintosh 开发成员包括比尔·阿特金森(Bill Atkinson)、杰夫·拉斯金(Jef Raskin)和安迪·赫茨菲尔德(Andy Hertzfeld)。从 OS X 10.8 开始在名字中去掉 Mac，仅保留 OS X 和版本号。2016

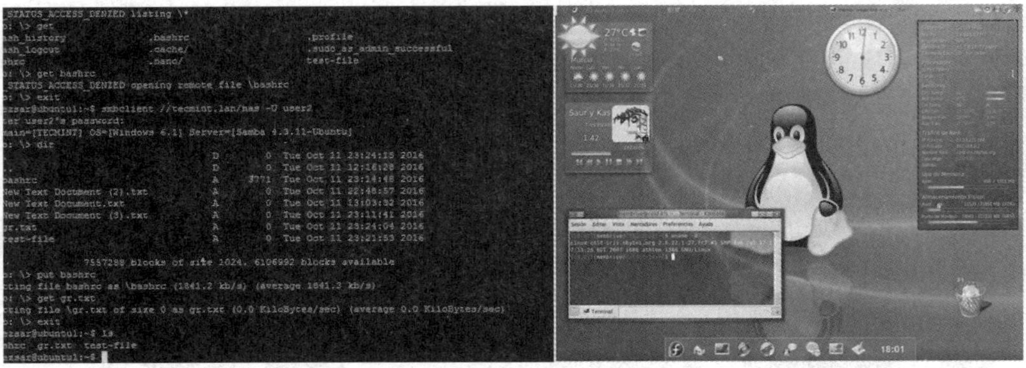

图 1-18　Linux 操作系统的主界面

年 6 月 13 日在 WWDC 2016(Worldwide Developers Conference 2016)上，苹果公司将 OS X 更名为 MacOS，MacOS 操作系统主界面如图 1-19 所示。

图 1-19　MacOS 操作系统

Android 是一种基于 Linux 的自由及开放源代码的操作系统。主要使用于移动设备，如智能手机和平板电脑，由 Google 公司和开放手机联盟领导及开发，尚未有统一中文名称，在中国大陆地区较多人使用“安卓”。Android 操作系统最初由 Andy Rubin 开发，主要支持手机。2005 年 8 月被 Google 收购注资。2007 年 11 月，Google 公司与 84 家硬件制造商、软件开发商及电信运营商组建开放手机联盟，共同研发改良 Android 系统。随后 Google 以 Apache 开源许可证的授权方式发布了 Android 的源代码。第一部 Android 智能手机发布于 2008 年 10 月。Android 逐渐扩展到平板电脑及其他领域，如电视、数码相机、游戏机、智能手表等。2011 年第一季度，Android 在全球的市场份额首次超过塞班系统，跃居全球第一。2013 年 9 月 24 日，Android 迎来了 5 岁生日，全世界采用这款系统的设备数量已经达到 10 亿台，2013 年第四季度，Android 平台手机的全球市场份额已经达到

78.1%。Android 操作系统的主界面如图 1-20 所示。

图 1-20　Android 操作系统

除了操作系统外，计算机还需要各种各样的应用软件，实现各种应用功能。例如 Office 系列办公软件 Word、Excel、PowerPoint 等，聊天软件 QQ、微信、MSN 等，图形图像处理软件 PhotoShop、CorelDRAW、AutoCAD 等。应用软件（简称软件）（software/Application/App）是一系列按照特定顺序组织的计算机数据和指令的集合。软件并不只是包括可以在计算机（这里的计算机是指广义的计算机）上运行的电脑程序，与这些电脑程序相关的文档一般也被认为是软件的一部分。简单地讲，软件就是程序和文档的集合体。软件有如下特点：①软件是无形的，没有物理形态，只能通过运行来了解其功能、特性和质量；②软件编写需要大量的脑力劳动，人的逻辑思维和技术水平是软件质量的关键；③软件不会像硬件那样老化磨损，但需要缺陷维护和技术更新；④软件的开发和运行必须依赖于特定的计算机系统环境；⑤软件具有可复用性，软件开发出来很容易被复制，可用到多台计算机中。

1.3　计算机信息表达

1.3.1　计算机与二进制

计算机要处理的信息是多种多样的，如数字、文字、符号、图形、音频、视频等，这些信息的呈现形式是不同的，但对于计算机来说，它们都是一串串的二进制数据。学习编程，就必须了解二进制，它是计算机处理数据的基础。

那什么是二进制呢？二进制是一种逢 2 进位的计算数制，其基本数字符号只有 0 和 1。例如：二进制中，1 加 1 就需要进位，表示为 10，10 再加 1 就是 11，继续加下去就是

100、101、110、111，等等。

计算机为什么用二进制呢？我们得从晶体管开始说起。1947 年贝尔实验室的肖克利等人发明了晶体管，包括二极管、三极管等。图 1-21 是三极晶体管的实物和电路符号。

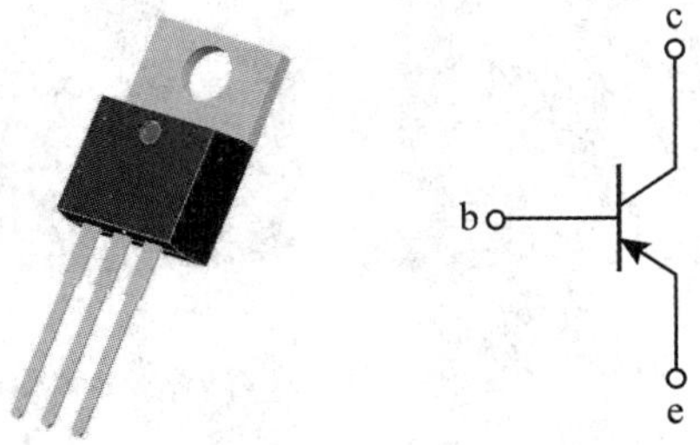

图 1-21　三极晶体管和电路符号

晶体管电路有导通和截止两种状态，这两种状态就是计算机二进制实现的基础。在晶体管电路符号图中(图 1-21(b))，当 b 端不给电时，则 c 端与 e 端是连通的，即 e 端有电则 c 端有电；但当 b 端给电时，c 端与 e 端是不通的，即无论 e 端有电还是没电，c 端就是没电。换句话说，这个三极管的 b 极电压相对 e 极为低电平时，三极管就会导通；相对 e 极为高电平时，三极管就会截止。晶体管的导通与截止这两种状态对应 b 极电压的相对高低，可以用高电平(有电)或者低电平(没电)状态来表示二进制的 0 和 1。假如把高电平(有电)作为 1，低电平(没电)作为 0，那么 b 极输入 1，会导致电路截止。这个电路可以作为最简单的 1+1=0 的电子电路基础，也是保存 0 和 1 的电子电路基础。通过几个三极管相连接，就可以实现最基本的二进制加法运算，如图 1-22 所示。

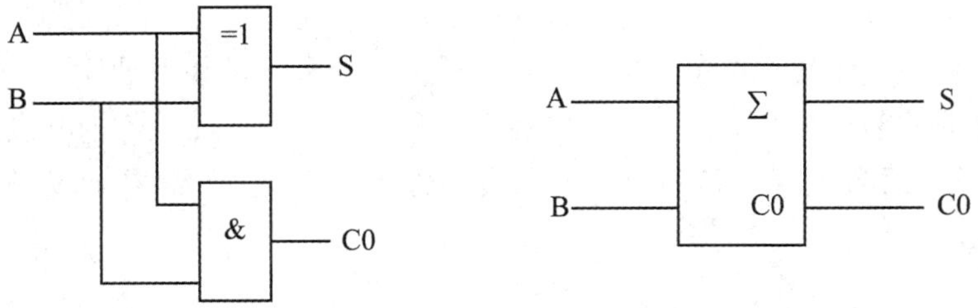

图 1-22　一位二进制加法运算电路

这个电路中，输入端为 AB，当 A=1，B=0 时，C=0，S=1，即 1+0=01；当 A=1，B=1 时，C=1，S=0，即 1+1=10，这就实现了二进制的一位加法运算。可见晶体管电子电路可以实现二进制运算，是计算机处理二进制数据的基础。

我们通常用的进制主要是十进制，这是因为我们有十根手指。常用的进制还有八进制和十六进制，在计算机科学中，经常会用到十六进制，而十进制的使用非常少，这是因为十六进制和二进制有天然的联系，4 个二进制位换算为十进制即 0 到 15，这刚好对应十六进制的数符，也就是说，将二进制转换成十六进制只要每 4 位进行转换就可以了，如二进制的“01001111”直接可以转换成十六进制的“8F”。

二进制指以 2 为基数的计数系统。在数学上，基数计数系统是这样定义的：

在基数为 b 的位置计数系统(其中 b 是一个正自然数)中，b 个基本符号(或者叫数符)对应于包括 0 的最小 b 个自然数。要表示数符以外其他的数，就要用到数符在数中的不同位置表示不同的意义。一般来讲，在 b 进制系统中，最后一位数符就表示它本身的值，每向左一位数符表示的值就乘一次 b，如下式所示为 k+1 位的 b 进制数表示的值：

$$a_k b^k + a_{k-1} b^{k-1} + \cdots + a_2 b^2 + a_1 b + a_0$$

它的 b 进制数写出来就是 $a_k \cdots a_2 a_1 a_0$。

一般来讲，b 进制系统中的数有如下形式：

$$(a_n a_{n-1} \cdots a_1 a_0 . c_1 c_2 c_3 \cdots)_b = \sum_{k=0}^{n} a_k b^k + \sum_{k=1}^{\infty} c_k b^{-k}$$

数 b^k 和 b^{-k} 是相应数字的比重(位权)。

二进制属于位置计数法，其位权是以 2 为底的幂。例如二进制数据 110.11，逢 2 进 1，其权从左到右依次为 2^2、2^1、2^0、2^{-1}、2^{-2}。二进制数据一般可写为：

$$(a_{n-1} a_{n-2} \cdots a_1 a_0 . a_{-1} \cdots a_{-m})_2$$

对于有 n 位整数、m 位小数的二进制数用加权系数展开式表示，可写为：

$$(a_{n-1} a_{n-2} \cdots a_1 a_0 . a_{-1} \cdots a_{-m})_2 = a_{n-1} \times 2^{n-1} + a_{n-2} \times 2^{n-2} + \cdots + a_1 \times 2^1 + a_0 \times 2^0 + a_{-1} \times 2^{-1} + a_{-2} \times 2^{-2} + \cdots + a_{-m} \times 2^{-m}$$

除了二进制，计算机还会用到八进制。八进制有 0、1、2、3、4、5、6、7 共 8 个数符，基数为 8，加法运算时逢 8 进 1，减法运算时借 1 当 8。例如，0、1、5、7、14、733、67001、25430 都可以是八进制数。

除了二进制和八进制，十六进制也经常在计算机中使用，甚至比八进制使用得还要频繁。一六进制中，除了 0 到 9，用 A 表示 10，B 表示 11，C 表示 12，D 表示 13，E 表示 14，F 表示 15，有 0~F 共 16 个数符，基数为 16，加法运算时逢 16 进 1，减法运算时借 1 当 16。例如，0、1、6、9、A、D、F、419、EA32、80A3、BC00 都可以是有意义的十六进制数。

计算机使用二进制表示数值，因此所有数据存储也是二进制。二进制的最基本单位称为比特(bit)。计算机通常将 8 个二进制位作为一个单元使用，称为字节(Byte)，即 1 个字节等于 8 比特，同理，16 比特为 2 字节，32 比特为 4 字节，64 比特为 8 字节等。计算机的 CPU 一次可以处理的比特数就是 CPU 的位数，如 32 位计算机一次可以处理 4 字节，而 64 位计算机一次可以处理 8 字节。计算机科学中通常将 $2^{10}=1024$ 称为 1K，$2^{20}=1K*1K$ 称为 1M，$2^{30}=1K*1M$ 称为 1G，$2^{40}=1K*1G$ 称为 1T，计算机中常用的计量单位及换算如下：

$$1\text{Byte} = 8\ \text{bit}$$
$$1\text{KB} = 1024\text{Byte} = 2^{10}\text{Byte}$$
$$1\text{MB} = 1024\text{KB} = 2^{20}\text{Byte}$$
$$1\text{GB} = 1024\text{MB} = 2^{30}\text{Byte}$$
$$1\text{TB} = 1024\text{GB} = 2^{40}\text{Byte}$$

$$1PB = 1024TB = 2^{50}Byte$$
$$1EB = 1024PB = 2^{60}Byte$$

这些数据的计量单位在计算机中经常用到，例如内存容量、硬盘容量和 U 盘容量等。

1.3.2　二进制与存储器

前面讲了计算机为什么用二进制以及如何用二进制表示数，那么这些数是如何存放的呢？存储器(memory)是用来存储各种数据信息的记忆部件，其基础是一个二进制位表述元件，如三极管。存储器好比我们日常生活中的容器，如柜子。然而存储器与日常生活的容器有一个最大的差异，容器装满东西后就不能再装，必须将已经装的东西取出来才行，但是存储器不是这样的，存储新数据时只需修改二进制位的状态就可以表示新的数据，而旧的数据消失了，就如同我们给木头刷不同颜色的油漆，后面刷的直接覆盖前面刷的，最终木头的颜色是最后一次刷的颜色。因此，我们使用存储器时，如果要想保留以前的数据就必须先取出数据，否则数据就被覆盖了，旧的数据就消失了，再也找不回来了。

存储器是计算机和数字系统不可缺少的组成部分，存储器有很多种类。按照介质可分为半导体存储器、磁材料存储器和光存储器等；按照读写功能也可分为只读存储器(Read Only Memory，ROM)和随机读写存储器(Random Access Memory，RAM)；按照信息可保存性又可分为非永久性记忆存储器(断电后信息消失)和永久性记忆存储器(断电后信息仍保存)；按照在计算机系统中的作用可分为主存储器(内存)、辅助存储器(外存)和高速缓冲存储器；等等。

存储器需要保存的数据种类很多，相互之间差异很大，大小、含义各不相同，如文字、音频、视频等。那不同的数据如何放到存储器中呢？存储器通过将不同的数据放在不同的位置来实现这一点。存储器首先将存储空间分为很多个小单元，然后给每个单元编号，也就是给每个存储单元编一个地址。每次读或写数据时，必须先指定存储单元的地址(也就是编号)，然后才可以将存储单元与输入/输出电路的引脚接通，进行数据的读出或写入。这一点与我们现实生活中收取快递的收件宝有点类似，收件宝也有很多格子，每个格子都有唯一的编号，只有获取了编号和密码才可以打开格子取东西。

存储器作为一种存放数据的容器有很多性能指标，其中的重要指标包括以下几个：

(1)存储容量：指存储器可以存储的二进制信息的量。

表示方法为：存储容量=存储单元数×每单元二进制位数。例如早期计算机的内部存储器(也即内存)容量为 64KB，后来升级到 1MB，再后来到 256MB，到了现在可以达到 256GB。

(2)存取时间和存取周期：体现存储器的工作速度。

存取时间：从存储器接收到寻址开始，到完成取出或存入数据为止所需的时间；存取周期：连续两次独立的存储器存取操作所需的最小时间间隔；一般略大于存取时间。

(3)可靠性：指存储器抵抗电磁场及温度等的变化干扰的能力。

(4)其他指标：体积、功耗、工作温度范围、成本等。

存储器的性能指标直接影响存储器的价格和用途。人们理想的存储器当然是容量越大越好，速度越快越好，然而容量大、速度快，价格肯定就高。因此，为了普及应用，计算机采用了分级、分类方式应用存储器。计算机系统通常包含高速缓存(Cache)、内存、硬盘、可移动大容量存储设备等几种存储器。

高速 Cache 是直接集成到 CPU 里面的，主要负责存储立刻要用的数据和指令以及处理结果。高速 Cache 的读写速度非常快，快到接近 CPU 的频率，例如 CPU 的运算速度是 1GHz(每秒运算 10^9次)，则高速 Cache 的读写速度也接近 1GHz。现在的 CPU 高速 Cache 还分级，不同级别代表与运算器的距离，距离越近，速度越快，容量越小。高速 Cache 容量很小，是 CPU 的一部分，只存放最近的指令和少量数据，软件和程序是无法直接操作高速 Cache 的。

内存用于存储计算机正在运行的软件和数据。内存的介质是半导体存储器，属于 RAM 设备，读写速度很快，仅次于高速 Cache。计算机的 CPU 直接与内存打交道，CPU 从内存中取程序和数据放到高速 Cache 中进行处理，处理结果也通过高速 Cache 放回内存。因此，计算机正在运行的软件和数据都由 CPU 在内存中存取，内存的容量和速度直接影响计算机的性能。内存属于 RAM，是非永久性记忆存储器，内存在通电状态下才能存放数据，一旦断电则什么都没有了，那如何才能将数据长久保存呢？这就要用永久性记忆存储器(断电后信息仍保存)，计算机里常见的就是硬盘。

硬盘的响应速度比内存要慢很多，但容量比内存大很多，现在的硬盘容量已经达到 TB 级，可以保存大量数据。硬盘作为计算机中主要的永久存储器，在计算机中极其重要，我们的所有软件、数据等都保存在硬盘上，计算机读写硬盘文件，将软件和数据与内存进行交换，内存中的数据则由 CPU 直接读写。除硬盘外，常用的存储器还有 U 盘、磁带等，这些外部存储器与硬盘功能相同。

总之，存储器是计算机和数字系统的重要组成部分，其用途就是存放数据。存储器将组成单元编号，形成单元地址，通过地址就可以进行读写操作，存储单元中后面的数据会覆盖原先的数据。

1.4 二进制运算

1.4.1 二进制转换为十进制

二进制数转换为十进制数可以直接使用进制的定义进行换算。

方法："按权展开求和"。该方法的具体步骤是先将二进制数写成加权系数展开式，而后根据十进制的计算规则进行求和，公式如下：

$$(a_{n-1}a_{n-2}\cdots a_1a_0.\ a_{-1}\cdots a_{-m})_2=a_{n-1}\times2^{n-1}+a_{n-2}\times2^{n-2}+\cdots+a_1\times2^1+a_0\times2^0+a_{-1}\times2^{-1}+a_{-2}\times2^{-2}+\cdots+a_{-m}\times2^{-m}$$

规律：个位上的数字的次数是 0，十位上的数字的次数是 1……依次递增，而十分位上的数字的次数是-1，百分位上数字的次数是-2……依次递减。

举例：

$(101)_2=1*2^2+0*2^1+1*2^0=(5)_{10}$

$(10111)_2=1*2^4+0*2^3+1*2^2+1*2^1+1*2^0=(23)_{10}$

1.4.2　十进制转换为二进制

一个十进制数转换为二进制数要将整数部分和小数部分分别转换，然后组合到一起。

整数部分采用“除 2 取余，逆序排列”法。具体做法是：用 2 整除十进制整数，可以得到一个商和余数；再用 2 去除商，又会得到一个商和余数，如此进行，直到商小于 1 为止，然后把先得到的余数作为二进制数的低位有效位，后得到的余数作为二进制数的高位有效位，依次排列起来。

例如，将十进制数 125 转换为二进制数的运算过程如图 1-23 所示，最终整数部分处理结果为$(125)_{10}=(1111101)_2$。

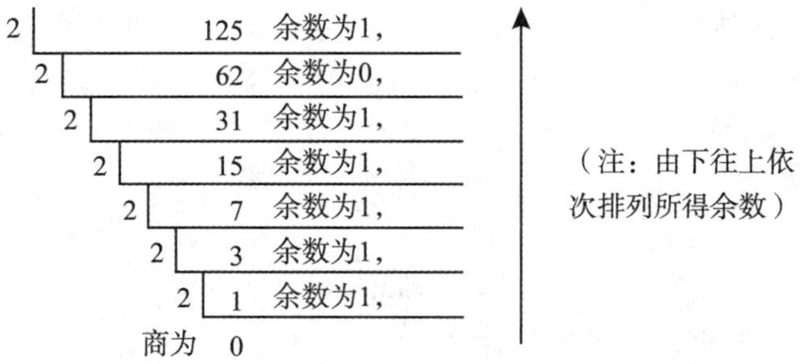

图 1-23　十进制数 125 转换为二进制数

小数部分要使用“乘 2 取整法”。即用十进制的小数乘以 2 并取走结果的整数(必是 0 或 1)，然后再用剩下的小数重复刚才的步骤，直到剩余的小数为 0 时停止，最后将每次得到的整数部分按先后顺序从左到右排列即得到所对应的二进制小数。

例如，将十进制小数 0. 8125 转换成二进制小数的过程如图 1-24 所示，最终处理结果为$(0.8125)_{10}=(0.1101)_2$。

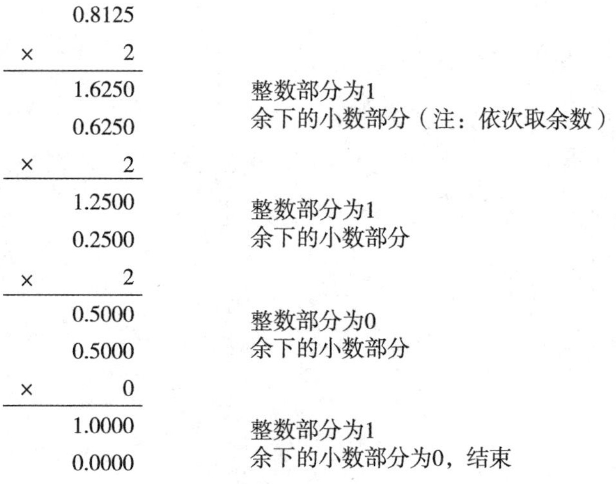

图 1-24　十进制小数 0. 8125 转换为二进制小数

注意，十进制小数转换成其他进制小数时，结果有可能是一个无限位的小数，此时只能取一定位数的结果作为这个小数的值。请看下面的例子：

十进制小数 0. 51 对应的二进制小数为

0. 100000101000111101011100001010001111010111…，是一个循环小数；

十进制小数 0. 72 对应的二进制小数为

0. 1011100001010001111010111000010100011110…，是一个循环小数；

十进制小数 0. 625 对应的二进制小数为 0. 101，是一个有限小数。

任何进制数之间的转换都可以使用上面的方法，只不过有时比较麻烦。将二进制数转换为八进制数和十六进制数时，因为进制或倍数关系，有非常简洁的方法。

1.4.3　二进制与八进制的转换

二进制整数转换为八进制整数时，每三位二进制数字转换为一位八进制数字，从低位向高位依次进行，高位不足三位的用 0 补齐。图 1-25 演示了如何将二进制数 1110111100 转换为八进制数。

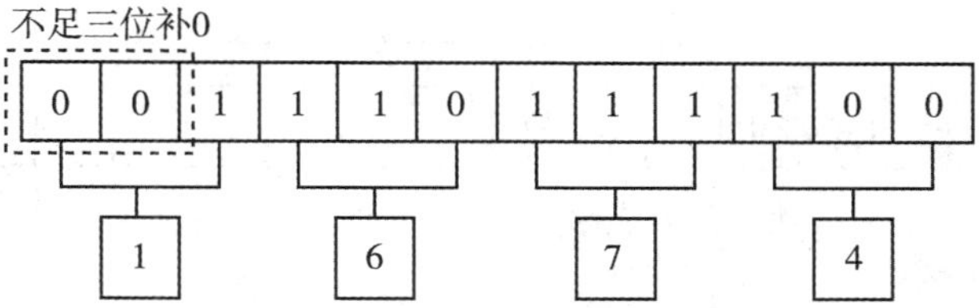

图 1-25　二进制数 1110111100 转换为八进制数

二进制整数 1110111100 转换为八进制数的结果为 1674。

八进制整数转换为二进制整数时，思路是相反的，每一位八进制数字转换为三位二进制数字，运算的顺序也是从低位向高位依次进行，图 1-26 演示了如何将八进制整数 2743 转换为二进制数。

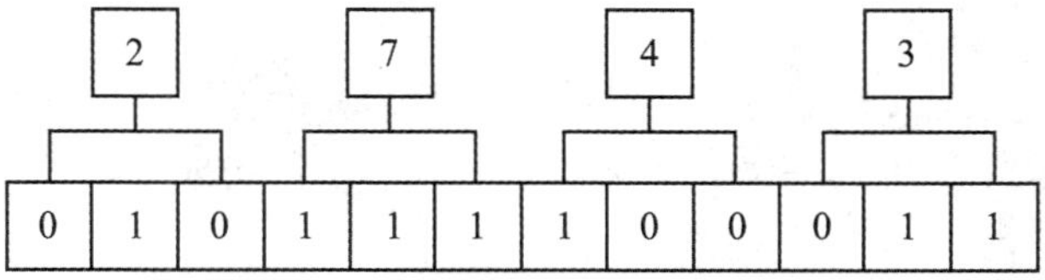

图 1-26　八进制整数 2743 转换为二进制数

八进制整数 2743 转换为二进制数的结果为 10111100011。

1.4.4　二进制与十六进制的转换

二进制整数转换为十六进制整数时，每四位二进制数字转换为一位十六进制数字，运算的顺序是从低位向高位依次进行，高位不足四位用 0 补齐。图 1-27 演示了如何将二进制整数 10110101011100 转换为十六进制数。

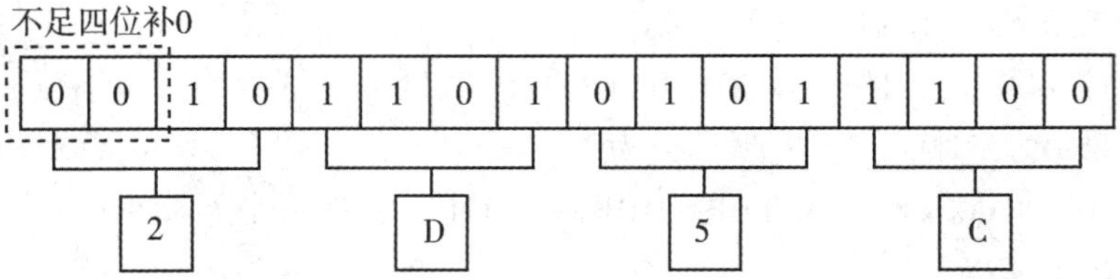

图 1-27　二进制整数 10110101011100 转换为十六进制数

二进制整数 10110101011100 转换为十六进制数的结果为 2D5C。

十六进制整数转换为二进制整数时，思路是相反的，每一位十六进制数转换为四位二进制数，运算的顺序也是从低位向高位依次进行。图 1-28 演示了如何将十六进制整数 A5D6 转换为二进制数。

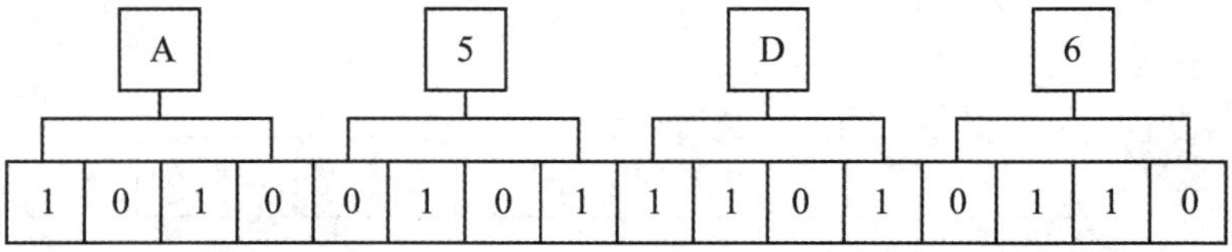

图 1-28　十六进制整数 A5D6 转换为二进制数

十六进制整数 A5D6 转换为二进制数的结果为 1010010111010110。

在编程时，几乎不会涉及二进制、八进制、十六进制之间小数的转换，所以这里我们只讲整数的转换。

另外，八进制数和十六进制数之间极少需要相互转换，如果一定要进行转换，可以采用二进制数(或十进制数)作为中间值进行转换，其他进制转换也可以采用这种中间值方式进行。

1.4.5　二进制的位运算

所谓位运算，就是按二进制的一个位数进行的运算操作。二进制的一个位数又称为一个比特(bit)，刚好是计算机的一个电子元器件，8 个比特构成一个字节(Byte)，它已经是粒度最小的可操作单元了。

计算机提供了 6 种位运算符，具体符号和含义如表 1-1 所示。

表 1-1　**位运算符号和含义**

<table>
<tr><td>运算符</td><td>&</td><td>|</td><td>^</td><td>~</td><td><<</td><td>>></td></tr>
<tr><td>说明</td><td>按位与</td><td>按位或</td><td>按位异或</td><td>按位取反</td><td>左移</td><td>右移</td></tr>
</table>

1. 按位与(&)运算

一个比特位只有 0 和 1 两个取值，只有参与 & 运算的两个位都为 1 时，结果才为 1，否则为 0。也即 1&1=1，0&0=0，1&0=0，这和逻辑运算符 && 非常类似。

按位与(&)两边的操作数可以是十进制、八进制、十六进制，它们在内存中最终都是以二进制形式存储，& 就是对这些内存中的二进制位进行运算。其他的位运算符运算也是相同的道理。例如，9&5 的按位与运算操作如下：

```
  0000 0000 0000 0000 0000 0000 0000 1001(9 在内存中的存储)
& 0000 0000 0000 0000 0000 0000 0000 0101(5 在内存中的存储)
-----------------------------------------------------------------
  0000 0000 0000 0000 0000 0000 0000 0001(1 在内存中的存储)
```

按位与(&)运算是对参与运算的两个数的所有二进制位进行与(&)运算，9 & 5 的结果为 1。

按位与运算通常用来对某些位清 0，或者保留某些位。例如要把 *n* 的高 16 位清 0，保留低 16 位，可以进行 n & 0XFFFF 运算(0XFFFF 在内存中的存储形式为 0000 0000 0000 0000 1111 1111 1111 1111)。

2. 按位或(|)运算

参与或(|)运算的两个二进制位有一个为 1 时，结果就为 1，两个都为 0 时结果才为 0，即 1|1=1，0|0=0，1|0=1，这和逻辑运算中的 ‖ 非常类似。例如，9|5 可以转换成如下的运算：

```
  0000 0000 0000 0000 0000 0000 0000 1001(9 在内存中的存储)
| 0000 0000 0000 0000 0000 0000 0000 0101(5 在内存中的存储)
-----------------------------------------------------------------
  0000 0000 0000 0000 0000 0000 0000 1101(13 在内存中的存储)
```

按位或运算会对参与运算的两个数的所有二进制位进行或(|)运算，9|5 的结果为 13。按位或运算可以用来将某些位置 1，或者保留某些位。例如要把 n 的高 16 位置 1，保留低 16 位，可以进行 n|0XFFFF0000 运算(0XFFFF0000 在内存中的存储形式为 1111 1111 1111 1111 0000 0000 0000 0000)。

3. 按位异或(^)运算

参与异或(^)运算的两个二进制位不同时，结果为 1，相同时，结果为 0，也即 0^1=1，0^0=0，1^1=0。例如，9 ^ 5 可以转换成如下的运算：

```
  0000 0000 0000 0000 0000 0000 0000 1001(9 在内存中的存储)
^ 0000 0000 0000 0000 0000 0000 0000 0101(5 在内存中的存储)
-----------------------------------------------------------------
  0000 0000 0000 0000 0000 0000 00001100(12 在内存中的存储)
```

按位异或运算可以用来将某些二进制位反转。例如要把 n 的高 16 位反转，保留低 16

位，可以进行 n ^ 0XFFFF0000 运算（0XFFFF0000 在内存中的存储形式为 1111 1111 1111 1111 0000 0000 0000 0000）。

4. 按位取反(~)运算

按位取反(~)运算为单目运算符，具有右结合性，作用是对参与运算的二进制位取反，即~1=0，~0=1，这和逻辑运算中的！非常类似。例如，~9 可以转换为如下的运算：

~　0000 0000 0000 0000 0000 0000 0000 1001(9 在内存中的存储)

1111 1111 1111 1111 1111 1111 1111 0110(-10 在内存中的存储)

所以~9 的结果为-10。

5. 左移(<<)运算

左移(<<)运算用来把操作数的各个二进制位全部左移若干位，高位丢弃，低位补 0。例如，5<<3 可以转换为如下的运算：

3<< 0000 0000 0000 0000 0000 0000 0000 0101(5 在内存中的存储)

0000 0000 0000 0000 0000 0000 0010 1000(40 在内存中的存储)

5<<3 的结果为 40，如果数据较小，被丢弃的高位不包含 1，那么左移 n 位相当于乘以 2 的 n 次方。

6. 右移(>>)运算

右移(>>)运算用来把操作数的各个二进制位全部右移若干位，低位丢弃，高位补 0 或 1。如果数据的最高位是 0，那么就补 0；如果数据的最高位是 1，那么就补 1。例如，9>>3 可以转换为如下的运算：

3>> 0000 0000 0000 0000 0000 0000 0000 1001(9 在内存中的存储)

0000 0000 0000 0000 0000 0000 0000 0001 (1 在内存中的存储)

9>>3 的结果为 1。如果被丢弃的低位不包含 1，那么右移 n 位相当于除以 2 的 n 次方（但被移除的位中经常会包含 1）。

1.4.6　负数的二进制表示

在计算机中，负数以其正值的补码形式表达。什么是补码呢？这得先从原码、反码说起。

原码：一个整数，按照绝对值大小转换成的二进制数称为原码。比如 00000000 00000000 00000000 00000011 是 3 的原码。

反码：将二进制数按位取反，所得的新二进制数称为原二进制数的反码。取反操作指：1 变 0，0 变 1。比如：00000000 00000000 00000000 00000011 的反码是 11111111

11111111 11111111 11111100。

补码：反码加 1 称为补码。也就是说，要得到一个数的补码，应先得到反码，然后将反码加上 1，所得数称为补码。

整数-3 在计算机中表示的计算过程如下：

(1)先算 3 的原码：00000000 00000000 00000000 00000011；

(2)求得反码：11111111 11111111 11111111 11111100；

(3)求得补码：11111111 11111111 11111111 11111101。

所以，-3 在计算机中表达为：11111111 11111111 11111111 11111101。转换为十六进制：0XFFFFFFFD。

再如整数-1 在计算机中表示的计算过程如下：

(1)先算 1 的原码：00000000 00000000 00000000 00000001；

(2)求得反码：11111111 11111111 11111111 11111110；

(3)求得补码：11111111 11111111 11111111 11111111。

-1 在计算机中用二进制表达就是全 1，十六进制为：0XFFFFFF。

用补码表示负数的最大好处就是将减法运算统一为加法运算，因此计算机处理加减法时不需要做减操作，只要做加法就足够了。

例如 8-3 的计算过程如下：

8 的二进制为：00000000 00000000 00000000 00001000；

-3 的二进制为：11111111 11111111 11111111 11111101；

直接相加可得到：00000000 00000000 00000000 00000101。

计算过程最高位进位了，但进位已经超过 32 位，直接舍弃，剩下的刚好就是 5 的二进制。

1.5 习题

1. 什么是遥感？遥感技术的应用领域有哪些？
2. 遥感信息处理的主要流程是什么？
3. 遥感信息处理为什么需要 C 语言？
4. 列举普通计算机的组成部分。
5. 列举常用的计算机操作系统。
6. 什么是计算机软件？说明计算机软件与硬件之间的关系。
7. 计算机用__________进制来表达数据。
8. 十进制整数 100 转换为二进制数是__________。
9. 十进制整数 24 转换为二进制数是__________。
10. 十进制整数 31 转换为二进制数是__________。
11. 十进制数 16.25 转换为二进制数是__________，八进制数是__________，十六进制数是__________。
12. 将十六进制数 1D 转化为十进制数是__________，转化为八进制数是__________。

13. 32 位无符号整数的取值范围是____________。
14. 计算机中，一个字节由________位二进制位组成。
15. 1KB 的实际容量是________________字节。
16. 32GB 的存储器共有________________字节。

第2章　程序设计

2.1　程序与软件开发

计算机软件是计算机中各种程序、数据及与之相关的文档资料。计算机软件是由软件设计人员开发的。软件的生产过程通常称为软件开发。软件开发是根据用户要求建造出软件系统或其中一部分的过程，软件开发是一项包括需求捕捉、需求分析、设计、实现和测试的系统工程。软件一般是利用软件开发工具采用某种程序设计语言来实现，软件开发通常包含以下6个阶段。

(1)计划。对所要解决的问题进行总体定义，包括了解用户的要求及现实环境，从技术、经济和社会因素3个方面研究并论证项目的可行性，编写可行性研究报告，探讨解决问题的方案，并对可供使用的资源(如计算机硬件、系统软件、人力等)、成本、效益和开发进度作出估计，制订完成开发任务的实施计划。

(2)分析。软件需求分析就是对开发什么样的软件做一个系统的分析与设想。它是一个对用户的需求进行去粗取精、去伪存真和正确理解，然后用软件工程开发语言(形式功能规约，即需求规格说明书)表达出来的过程。本阶段的基本任务是和用户一起确定要解决的问题，建立软件的逻辑模型，编写需求规格说明书文档并得到用户的认可。需求分析的主要方法有结构化分析、数据流程图和数据字典等方法。本阶段的工作是根据需求说明书的要求，设计建立软件系统的体系结构，并将整个系统分解成若干个子系统或模块，定义子系统或模块间的接口关系，对各子系统进行具体设计定义，编写软件概要设计和详细设计说明书、数据库或数据结构设计说明书，组装测试计划。在任何软件开发的初始阶段必须先完全掌握用户需求，以便明确哪些功能应该落实，采取何种规格以及设定哪些限制优先加以定位。系统工程师最终将据此完成设计方案，在此基础上对随后的程序开发、系统功能和性能的描述及限制作出定义。

(3)设计。软件设计可以分为概要设计和详细设计两个阶段。软件设计的主要任务就是将软件分解成模块，即能实现某个功能的程序单元。模块可以是一个函数、过程、子程序及其组合。概要设计就是结构设计，其主要目标就是给出软件的模块结构，用软件结构图表示。详细设计的首要任务是设计模块的程序流程、算法和数据结构，次要任务是设计数据库，常用方法还是结构化程序设计方法。

(4)编码。软件编码是指把软件设计转换成计算机可以编译的程序，即写成以某一程序设计语言表示的“源程序清单”。充分了解软件开发语言、编程工具的特性和编程风格，有助于开发工具的选择以及保证软件产品质量。当前软件开发中，除专用场合外，已经很少使用20世纪80年代的高级语言了，取而代之的是面向对象的开发语言。面向对象的开发语言和开发环境大多合为一体，大大提高了开发的效率。

（5）测试。软件测试的目的是以较小的代价发现尽可能多的错误。实现这个目标的关键在于设计出一套出色的测试用例（测试数据与功能和预期的输出结果组成了测试用例）。而设计一套出色的测试用例的关键在于理解测试方法。不同的测试方法有不同的测试用例设计方法。两种常用的测试方法是白盒法测试和黑盒法测试。白盒法测试的对象是源程序，根据程序内部的逻辑结构来发现软件的编程错误、结构错误和数据错误。结构错误包括逻辑、数据流、初始化错误等。白盒法用例设计的关键是以较少的用例覆盖尽可能多的内部程序逻辑结果。黑盒法根据软件的功能或软件行为描述，发现软件的接口、功能和结构错误，其中接口错误包括内部/外部接口、资源管理、集成化以及系统错误。黑盒法用例设计的关键同样也是以较少的用例覆盖模块输出和输入接口。

（6）维护。维护是指在软件交付使用以后，对软件进行的一些维护、修改工作。即根据软件运行情况，对软件进行适当修改，以纠正运行中发现的错误或适应新的要求，并编写软件问题报告、软件修改报告。

一个中等规模的软件，可能研制阶段需要1~2年的时间，运行可能持续5~10年，那么它的维护阶段也就是运行的这5~10年。做好软件维护工作，不仅能排除障碍，使软件正常工作，而且还可以扩展软件功能、提高软件性能，为用户带来明显的经济效益。然而，人们对软件维护工作的重视往往远不如软件研制工作。事实上，和软件研制工作相比，软件维护的工作量和成本都要大得多。

在实际开发过程中，开发人员并不是从第一步进行到最后一步，而是在任何阶段，都有一步或几步的回溯：在测试时发现的问题可能要求修改设计，用户可能会增加或修改需求等。

为提高软件开发效率，人们提出了很多软件开发模型，比较主流的有以下几种：

（1）瀑布模型。该模型有时也称为V模型，它是一种线性顺序模型，项目自始至终按照一定顺序从需求分析进展到系统测试直到交付使用。它提供了一种结构化的、自顶向下的软件开发方法，每阶段的主要工作成果传递到下一个阶段前，必须经过严格的评审或测试，以判定是否可以开始下一阶段工作，各阶段相互独立、不重叠。瀑布模型是所有软件生命周期模型的基础。

（2）原型+瀑布模型。原型模型本身是一个迭代的模型，是为了解决在产品开发的早期阶段存在的不确定性、二义性和不完整性等问题。通过建立原型，使开发者进一步确定其应开发的产品，使开发者的想象更具体化，也更易于被客户所理解。原型只是真实系统的一部分或一个模型，可能完成不了任何有用的事情，通常包括抛弃型和进化型两种。抛弃型指原型建立、分析之后要扔掉，整个系统要重新分析和设计；进化型则是对需求的定义较清楚的情形，原型建立之后要保留，作为系统逐渐完善的基础。采用进化型一定要重视软件设计的系统性和完整性，并且在质量方面没有捷径，因此，对于描述相同的功能，建立进化型原型比建立抛弃型原型所花的时间要多。原型建立确认需求之后采用瀑布模型的方式完成项目开发。

（3）增量模型。与建造大厦一样，软件也是一步一步构建起来的。在增量模型中，软件被作为一系列的增量构件来设计、实现、集成和测试，每一个构件由多种相互作用的模块所形成为提供特定功能的代码片段构成。增量模型在各个阶段并不交付一个可运行的完整产品，而是交付满足客户需求的一个子集的可运行产品。整个产品被分解成若干个构件，开发人员逐个构件地交付产品，这样做的好处是软件开发可以较好地适应变化，客户可以不断地看到开发的软件，降低了开发风险。一些需要很多年才能完成的大型系统或者客户急于实现的系统，其子系统往往采用增量开发的模式，先实现核心功能，即实现基本的需求，但很多补充的特性(其中一些是已知的，另外一些是未知的)后续发布。增量模型强调每次均发布一个可操作产品，每个增量构建仍然遵循设计—编码—测试的瀑布模型。

(4)迭代模型。早在20世纪50年代末期，软件领域就出现了迭代模型。最早的迭代过程被描述为“分段模型”。迭代，包括产品发布(稳定、可执行的版本)的全部开发活动和必需的所有其他外围元素。所以，在某种程度上，开发迭代是一次完整的经过所有工作流程的过程：需求工作流程、分析设计工作流程、实施工作流程和测试工作流程。

2.2 程序的编写

程序编写即编程，为了使计算机能够理解人们的意图，人们需要将解决问题的思路、方法和手段通过计算机能够理解的形式告之，让计算机一步一步地完成某种任务，这种人和计算体系之间交流的过程就是编程，而程序就是计算机处理事物的一系列指令的总称。一条机器指令规定计算机的一个特定动作，例如将两个数加在一起就是一条指令。在计算机应用的初期，程序员使用机器指令来编写计算机应用程序。由于每条指令都对应计算机一个特定的基本动作，所以程序占用内存少、执行效率非常高，但是缺点也很明显，编程工作量大，容易出错，通用性、移植性都很差。后来随着科技的发展，一些可视的、集成的编程环境的出现，使编程变得越来越简单，大大减少了资金成本和时间成本，特别是高级语言的出现，如 Pascal 、 Fortran 以及 C 语言等，使得计算机操控已经不再需要专业人士。到20世纪90年代，计算机编程领域高速发展，诞生了一些面向对象的高级语言，如 Java、C++等，使得计算机程序逐渐从原来的通信和计算向视频解析、图像传输、智能模拟以及知识处理等方向发展，将计算机应用推入了一个新时代。

计算机的大量普及以及应用范围的扩大，促使我们掌握好一门编程语言，以便使用计算机协助我们解决更多、更专业的问题。下面列出常用的几种编程语言。

1. 汇编语言

汇编语言是第二代计算机语言，用一些容易理解和记忆的字母、单词来表达的指令，比如：用“ADD”代表数字逻辑上的加减、用“MOV”代表数据传递等。通过这些表达方法，人们很容易阅读已经完成的程序或者理解程序的功能，现有程序的 bug 修复以及运营维护都变得更加简单方便。计算机的硬件不认识字母符号，需要一个专门的程序把这些字符变成计算机能够识别的二进制数据，这个专门的程序便是编译工具。汇编语言只是对机器语言做了简单编译，没有从根本上解决机器语言的特定性，汇编语言和机器环境息息相关，推广和移植很难。但汇编语言保持了优秀的执行效率，并具有可阅读性和简便性，到现在依然是常用的编程语言之一。在今天的实际应用中，它通常被应用在底层硬件操作和高效率要求的场合，如驱动程序、嵌入式操作系统和实时运行程序都使用汇编语言，汇编语言程序示例如图 2-1 所示。

```
_loop :
dec edx
    mov eax, dword ptr[esi]
    mov byte ptr[edi], al
    shr eax, 08h
    inc edi
    mov word ptr[edi], ax
    add esi, band
    inc edi
    inc edi
    cmp edx, 0h
    jne _loop
```

图 2-1　汇编语言程序

2. Fortran 语言

Fortran 语言是 Formula Translation 的缩写，意为“公式翻译”。它是为科学、工程问题或企事业管理中的那些能够用数学公式表达的问题而设计的，其数值计算的功能非常强。Fortran 语言是 20 世纪 50 年代 IBM 的工程师发明的，主要目的就是帮助计算，Fortran 语言是第一个用于开发的高级语言，老一辈的科研工作者最早接触的语言就是 Fortran。Fortran 语言主要支持数值分析与科学计算、结构化程序设计、数组编程、模块化编程、泛型编程、超级计算机高性能计算、并行编程等。它自 1954 年被提出，1956 年开始正式使用，如今已有 70 多年的历史，但仍历久不衰，始终是数值计算领域使用的主要语言，Fortran 语言程序示例如图 2-2 所示。

```
PROGRAM MAIN
PARAMETER (M=2, L=3, H=2)
INTEGER A(H, L), B(L, N), C(M, H)
WRITE( *, * ) 'A='
READ( *, 100)( (A(I, J), J-1, L), I=1, M)
WRITE ( *, * ) 'B='
READ( *, 200)((B(J, K), K=1, N), J=1, L)
DO 10 I=1, M
    D0 20 K=1, N
     C(I, K)=0
      D0 30 J=1, L
      C(I, K)=C(I, K)+A(I, J) * B(J, K)
      CONTINUE
    CONTINUE
CONTINUE
WRITE( *, * )'C='
WRITE( *, 300) C
FORMAT(1X, 3I10)
FORMAT(2X, 2I10)
FORMAT(3X, 2I10)
END
```

图 2-2　Fortran 语言程序

3. ALGOL 语言

ALGOL 是算法语言(ALGOrithmic Language)的简称，是在计算机发展史上首批清晰定义的高级语言。国际计算机学会(ACM)将 ALGOL 模式列为算法描述的标准，ALGOL 启发了现代语言 Pascal、Ada、C 语言等。ALGOL 语句和普通语言表达接近，适于数值计算，多用于科学计算机。在美国和欧洲一些国家，ALGOL 被从事计算机研究的科学家们广泛采用。ALGOL 标准输入/输出描述不太合理，致使它在商业应用上受阻，但 ALGOL60 成为算法语言发布的标准，对其后所有算法语言发展影响深远。

4. BASIC 语言

BASIC(Beginners' All-purpose Symbolic Instruction Code)，是一种直译式程序设计语言，设计给初学者使用。在完成编写后不需经过编译及链接等步骤，经过解释即可运行，但如果需要单独运行时仍然需要将其创建成可执行文件。BASIC 语言由 Dartmouth 学院 John G. Kemeny 与 Thomas E. Kurtz 两位教授于 20 世纪 60 年代中期创建。由于语言简单易学，很快流行起来，几乎所有小型、微型家用计算机，甚至部分大型计算机，都提供使用者以此语言编写程序。特别是 PC 机发展初期，BASIC 语言可配合 PC 机发挥各种功能，使得 BASIC 语言成为 PC 机的主要语言之一，BASIC 语言程序示例如图 2-3 所示。

```
INPUT "n="; n
k= INT(SQR(n))
i = 2
flag = 0
WHILE I <= 0 AND flag = 0
IF n MOD i = 0 THEN flag = 1
ELSE
i = i + 1
END IF
WEND
IF flag = 0 THEN
PRINT n; "is a prime number!"
ELSE
PRINT n; "is not a prime number!"
END IF
END
```

图 2-3　BASIC 语言程序

5. Pascal 语言

Pascal 语言由瑞士苏黎世联邦工业大学的 Niklaus Wirth 教授于 20 世纪 60 年代末创

立，1971年正式发表。Pascal语言语法严谨，一问世就受到广泛欢迎，迅速从欧洲传到美国。Pascal基于ALGOL语言，为纪念法国数学家和哲学家布莱兹·帕斯卡而命名。Pascal是最早的结构化编程语言，具有丰富的数据类型和简洁灵活的语句，在高级语言发展过程中，Pascal是一个重要的里程碑。Pascal语言是第一个系统地体现了结构化程序设计的计算机编程语言，Pascal的变种也用于PC游戏和嵌入式系统等领域，最初的Macintosh操作系统就是从Pascal源代码手工翻译成Motorola 68000汇编语言的，可以说Pascal语言是20世纪70年代影响力最大的一种算法语言，Pascal语言程序示例如图2-4所示。

```
function hw(n:longint):boolean;
var s:string; i:longint; f:boolean;
begin
   i:=1; str(n,s); f:=true;
   for i:=1 to length(s) do
     if s[i]<>s[length(s)-i+1]
       then
       begin
         f:=false; break;
       end;
   hw:=f;
end;
```

图2-4　Pascal语言程序

6. C语言

C语言由美国贝尔实验室的D. Ritchie和K. Thompson于1970年共同发明，于1989年形成第一个完备的C标准，是一种面向过程、抽象化的通用程序设计语言，广泛应用于底层开发。C语言能以简易的方式编译、处理低级存储器。C语言是仅产生少量的机器语言以及不需要任何运行环境支持便能运行的高效率程序设计语言。C语言提供了许多低级处理功能，具有跨平台的特性，以一个标准规格写出的C语言程序可在嵌入式处理器平台或超级计算机平台上进行编译。C语言描述问题比汇编语言快捷、工作量小、可读性好、易于调试、修改和移植，而代码质量与汇编语言相当。C语言代码生成的目标程序效率一般只比汇编语言低10%~20%。因此，C语言适合编写系统软件。在编程领域中，C语言用得非常多，它兼顾了高级语言和汇编语言的优点，相较于其他编程语言具有较大优势。C语言的普适性强，在许多计算机操作系统中都能够应用，且效率高。

7. C++语言

C++语言由美国贝尔实验室的Bjame Sgoustrup于1979年提出，并于1983年被正式命名为C++。它是C语言的继承，既可以进行C语言的过程化程序设计，又可以进行以抽象数据类型为特点的基于对象的程序设计，还可以进行以继承和多态为特点的面向对象的程序设计。C++擅长面向对象程序设计的同时，还可以进行基于过程的程序设计，不仅拥有计算机高效运行的实用性特征，同时还致力于提高大规模程序的编程质量与程序设计语言的问题描述能力。目前我们所接触到的游戏大部分都是以 C++语言开发出来的。相较于 C 语言，C++能够对程序的运行状态进行有效的优化。而且，C++使得 C 语言的完善性得到了进一步的提升。它的稳健性及简洁性受到了程序员的青睐，应用很广泛。除此之外，C++具有较强的绘图能力和数据处理能力，移植的灵活性也相对较强，所以被普遍应用于图形处理、系统软件、游戏以及手机程序等方面，人们熟知的俄罗斯方块就是 C++语言的典型应用。

8. C#语言

C#语言是微软公司发布的一种面向对象的、运行于 .NET Framework 上的高级程序设计语言。C#语言是微软公司研究员 Anders Hejlsberg 的研究成果。C#语言看起来与 Java 语言有着惊人的相似，它包括了诸如单一继承、界面，与 Java 语言几乎同样的语法和编译成中间代码再运行的过程。但是 C#语言与 Java 语言有着明显的不同，它借鉴了 Delphi 的一个特点，与 COM(组件对象模型)是直接集成的，而且它是微软公司 .NET windows 网络框架的主角。

9. Java 语言

Java 语言是一种以对象为基础的编程语言，其关注的重点在于数据应用和操纵的具体算法，作为分布式语言的一种，它是高性能互联网架构的重要组成部分。Java 具有诸多优势，如语法简洁、内存能够进行自动化管理、可以进行跨平台移植、异常处理可靠性高以及字节码具有完善的安全机制，在信息化时代具有广泛的应用范围，特别是在互联网、游戏控制、PC 以及多媒体等方面发挥了至关重要的作用，最为典型的就是在安卓 App 中的应用。此外，电脑中的一些办公软件也是用 Java 语言编写的，如 Excel 和 Word 等。与 C 语言相比，Java 编程语言在机械效率方面相对较低，但其经济性和可移植性是其最大的优势之一，所以其在大数据领域以及超级计算机方面的应用也相对较多。以 Java 技术在政府网站建设中的应用为例，在建设政府网站的过程中，网站架构一般分为 3 层，分别为数据层、业务层和表现层。数据层主要负责群众数据的管理。业务层中融入了各子系统的业务逻辑，通过中间支撑层实现与数据层的数据交换，业务层确保网站应用功能的实现，同时提供了标准化开发接口。表现层主要负责信息交互以及数据展示，负责对用户的相关请求进行处理，并将处理结果反馈给用户。在建设政府网站的过程中，一般要采取分布式设计，并在相应层次上对相关软件进行集成，同时也可借助产品应用开发接口完成开发工作。Java 技术能够提供应用开发编程接口以及规范化组件，结合不同的需求，对功能进行复用或随意组合，Java 语言程序示例如图 2-5 所示。

10. Python

Python 是一种面向对象的解释性程序设计语言，也是一种功能强大且完善的通用型语言，已经具有多年的发展历史，成熟且稳定。Python 具有脚本语言中最丰富、最强大的类库，足以支持绝大多数日常应用。这种语言具有非常简洁而清晰的语法特点，适合完成

```
function result() {
    var result = 0;
    var first = document.getElementById("first").value;
    var second = document.getElementById("second").value;
    var ysf = document.getElementsByName("ysf");
    if(ysf[0].checked) {
        //处理字符串转换成数字方法
        first -= 0;
        second -= 0;
        result = first + second;
    } else if(ysf[1].checked) {
        result = first - second;
    } else if(ysf[2].checked) {
        result = first * second;
    } else if(ysf[3].checked) {
        result = first / second;
    }
    document.getElementById("result").innerHTML = result;
}
```

图 2-5　Java 语言程序

各种高层任务，几乎可以在所有的操作系统中运行。基于这种语言的相关技术正在飞速发展，用户数量急剧扩大，相关的资源非常多，Python 语言程序示例如图 2-6 所示。

```
#!/usr/bin/env python
# -*- coding: utf-8 -*-
import requests
from bs4 import BeautifulSoup
url = 'http://www.chnxp.com.cn/TxtEbook/2015-09/335003.html'
my_headers = {
    'User-Agent': 'Mozilla/5.0 (Windows NT 6.1; WOW64) AppleWebKit/537.36 (KHTML, like Gecko) Chrome/44.0.2403
    'Referer': 'http://www.chnxp.com.cn',
    'Host': 'www.chnxp.com.cn',
}
req = requests.get(url, headers=my_headers)
soup = BeautifulSoup(req.text, "html.parser")
items = soup.find('ul', class_='download-list').find('a').get('href')

# 下载页面分析
downloadURL = 'http://www.chnxp.com.cn' + items
downloadREQ = requests.get(downloadURL, headers=my_headers)
download_items = BeautifulSoup(downloadREQ.text, "html.parser").find('div', id='page').find('a').get('href')
```

图 2-6　Python 语言程序

2.3　程序设计语言 C

C 是一种编程语言。语言是我们相互沟通交流的一种工具。编程语言是我们与计算机沟通的一种工具，通过编程语言我们可以控制计算机，让计算机执行一些运算和操作，从而让计算机为我们服务。语言包含固定的格式规则和词汇，只有按一定的规则，通过指定的词汇，才可以实现相互理解。编程语言的词汇就是标识符与关键字，而格式规则就是语法。只有掌握了编程语言的规则和词汇，才可以通过程序控制计算机，让计算机执行我们希望的运算和操作，为我们服务。

C 源程序的基本单位是函数，而且一个 C 源程序只有一个 main( ) 函数。函数由语句组成，语句由语言的基本要素(单词)构成，基本要素是一种具有独立语法意义的元素，主要包括标识符、关键字、常量、变量、运算符、表达式等。下面就是一个最简单的 C 程序，程序的功能是读入两个整数，输出求和的结果，以后我们都将以这种简单程序作为练习对象。

```
void main(){
  int x,y;    //声明变量
  cin>>x>>y; //读入变量值
  cout<<"x + y ="<<x+y; //输出计算结果
}
```

2.4 Visual Studio 集成开发环境

Visual Studio(简称 VS)是微软公司的开发工具包系列产品。VS 是一个完整的开发工具集，它包括了整个软件生命周期中所需要的大部分工具，如 UML 工具、代码管控工具、集成开发环境(IDE)等。所写的目标代码适用于微软支持的所有平台，包括 Microsoft Windows、Windows Mobile、Windows CE、.NET Framework、.NET Compact Framework 和 Microsoft Silverlight 及 Windows Phone。如果想做 Windows 应用开发，使用 Microsoft 自己的开发工具肯定没错。Visual Studio 产品包含 C++、C#和 VB.NET 语言，可以为 Windows x86、x64、Windows RT 和 Windows Phone 做开发，最新的版本甚至开始支持 macOS、Linux、Android 等系统的应用开发。

2.4.1 Visual Studio 概述

C++开发环境在 Visual Studio 中最初称为 Visual C++，简称 VC++，是由微软提供的 C++开发工具，它与 C++ 的根本区别就在于，C++是语言，而 VC++是用 C++语言编写程序的工具平台。VC++不仅是一个编译器，更是一个集成开发环境，包括编辑器、调试器和编译器等。Visual Studio 包含了 VB、VC++、C#等编译环境。在 Visual Studio 6.0 中提供了单独安装 VC++的选择，但自微软 2002 年发布 Visual Studio.NET 以来，微软在 .NET 框架上建立了代码托管机制，一个项目可以支持多种语言开发的组件，VC++ 同样被扩展为支持代码托管机制的开发环境，所以 .NET Framework 是必需的，也就不再有 VC++的独立安装程序。近些年来，VC++的主要版本包括 VC++ 6.0、VS2003、VS2005、VS2008、VS2010、VS2013、VS2015、VS2017、VS2019 和 VS2022。其中 VC++6.0 占用的系统资源比较少，打开工程、编译运行都比较快，所以赢得了很多软件开发者的青睐，但因为它先于 C++标准推出，所以对 C++标准的支持不太好。随着 VC++版本的更新，对 C++标准的支持越来越好，对各种技术的支持越来越完善。但同时新版本所需的资源越来越多，对处理器和内存的要求也越来越高，到了 VS2017，安装文件包已经超过 10G，其运行也经常受处理器和内存等性能的限制。作者推荐初学者使用 VS2019，它安装简单，类库和开发技术都是比较完善的，而且编译速度比较快。

讲 VC++免不了要提 MFC，MFC 全称 Microsoft Foundation Classes，也就是微软基础类

库。它是 VC++的核心，是 C++与 Windows API 的结合，很彻底地用 C++封装了 Windows SDK(Software Development Kit，软件开发工具包)中的结构和功能，还提供了应用程序框架，此应用程序框架为软件开发者完成了一些例行工作，比如各种窗口、工具栏、菜单的生成和管理等，不需要开发者重复地完成那些复杂而乏味的事项，比如每个窗口的 Windows API 注册、生成与管理，这减少了软件开发者的工作量，提高了开发效率。VC++不但能够创建 MFC 应用程序，也能够进行 Windows SDK 编程，但是那样的话就舍弃了 VC++的核心，放弃了 VC++最强大的功能。

2.4.2 Visual Studio 的安装

Visual Studio 有许多版本，各个版本的安装方法略有差异。在 VS2017 以前，微软都提供了 VS 的离线安装包，离线安装包的安装比较简单，只需执行 Setup，不断选择“下一步”，直到安装完毕。但从 VS2017 开始，微软不再提供离线安装包，而是采用在线安装的形式，很多功能例如 MFC 不再是默认选择，因此后续版本的安装相对复杂一些，本节将以 VS2022 为例详细介绍 VS 的安装。

VS2022 细分为三个版本，分别是：

社区版(Community)：免费提供给单个开发人员，给予初学者及大部分程序员支持，可以无任何经济负担、合法地使用。

企业版：为正规企业量身定制，能够提供点对点的解决方案，充分满足企业的需求。企业版官方售价为 2999 美元/年或者 250 美元/月。

专业版：适用于专业用户或者小团体。虽没有企业版那么全面的功能，但相比于免费的社区版，具有更强大的功能。专业版官方售价为 539 美元/年或者 45 美元/月。

对于大部分程序开发，以上版本区别不大，免费的社区版一样可以满足程序员需求，所以推荐大家使用社区版，无须破解，轻松安装，快速使用，因此我们选择下载 Visual Studio 2022 Community(社区版)安装包。

下载地址：https：//visualstudio. microsoft. com/

进入网站后看到的界面如图 2-7 所示。

选择网页顶部菜单“免费 Visual Studio”按钮即可开始下载客户端安装程序，下载时将文件“vs_community_xxx. exe”保存到本地硬盘(如 D：\ )上，其中文件中的 xxx 是随机生成的代码，不影响程序执行。

下载完成后，用鼠标左键双击运行下载的“vs_community_xxx. exe”文件，开始安装，可出现如图 2-8 所示界面。

在界面中选择“继续”，将出现如图 2-9 所示界面。

这是正在下载 VS2022 的安装配置，可能需要一段时间，下载完成后将出现如图 2-10 所示的界面。

滑动“VS 安装选项界面”右侧的滚动条查看界面内容，寻找“使用 C++的桌面开发”并将其勾选，如图 2-11 所示。

图 2-7　VS2022 网站界面

图 2-8　开始安装 VS2022

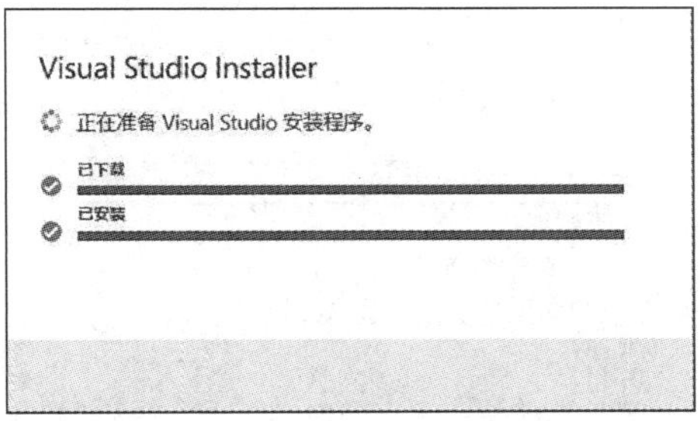

图 2-9　下载安装配置

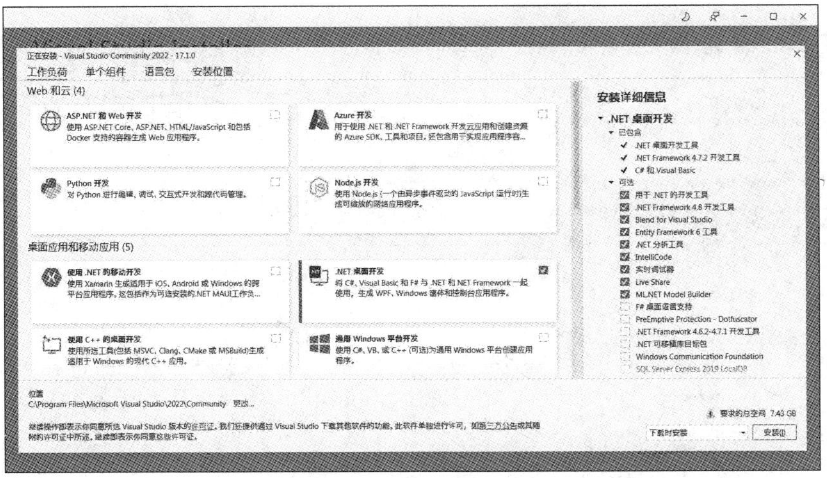

图 2-10　VS 安装选项界面

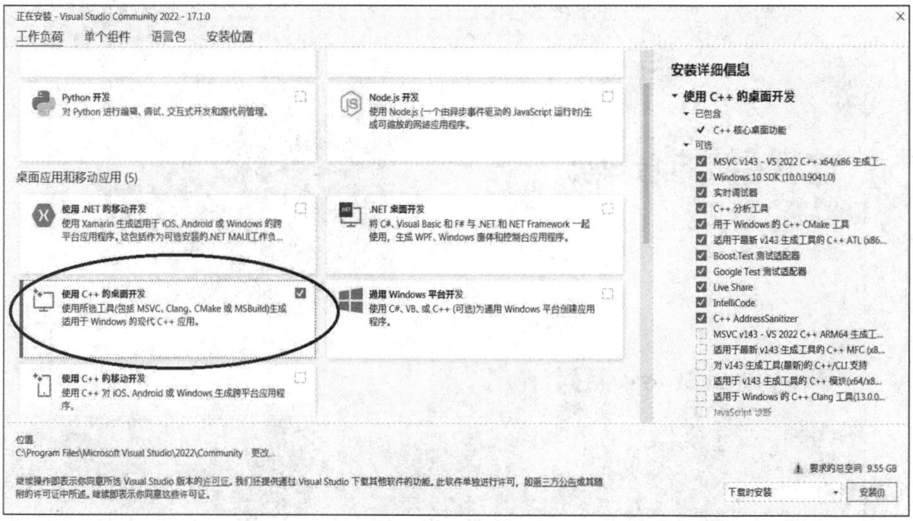

图 2-11 选择桌面开发

“安装选项界面”的右边是“安装详细信息”，可根据需要选择一些开发包。本书的 Windows 图形界面开发将使用 MFC，因此必须选中 MFC 选项，如图 2-12 所示。如果初次安装时未选中“MFC 选项”，在使用前也可以运行安装程序进行安装选项的修改和补充。

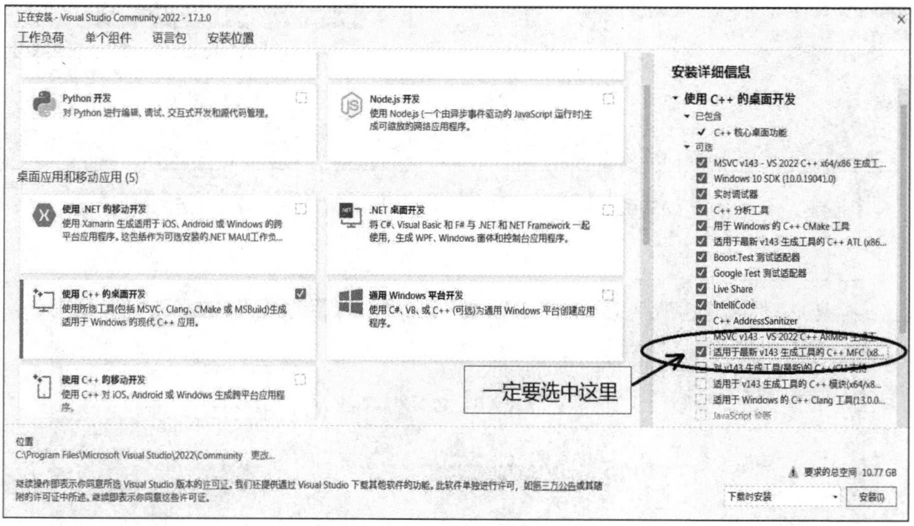

图 2-12 勾选“MFC”选项

选 MFC 时，系统可能提供了不同的版本，如图 2-12 所示提供的是 v143 版本，不同版本并不影响开发，选择任意一个包含 MFC 的版本即可。然后点击“安装”，系统弹出如图 2-13 所示的安装进度提示界面。

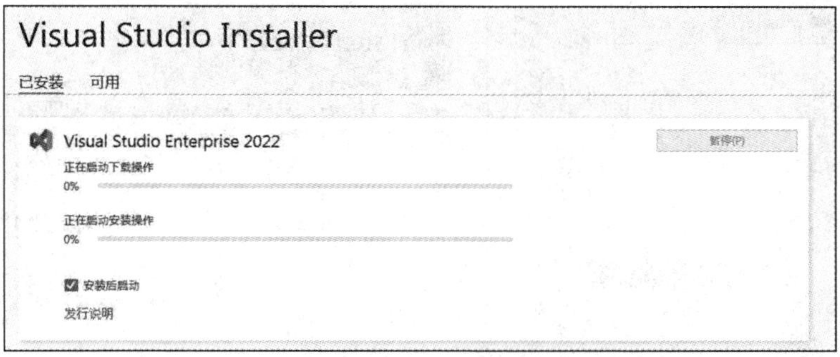

图 2-13　安装进度提示界面

安装完成后，点击“启动”按钮启动 Visual Studio，如图 2-14 所示。

图 2-14　安装完成后启动

首次运行 Visual Studio，可看到如图 2-15 所示的界面，要求使用 Microsoft 账户登录。

图 2-15　首次运行 VS

如果你没有账户，免费注册一个即可，不登录则一个月后软件就不能使用了。创建/登录 Microsoft 用户界面如图 2-16 所示。

通过 Microsoft 用户登录后，正式进入 VS 启动界面，如图 2-17 所示。

图 2-16　创建/登录 Microsoft 用户界面

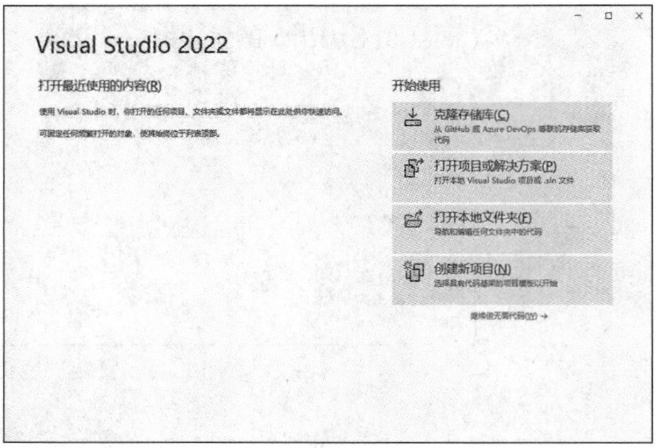

图 2-17　VS 启动界面

至此，VS2022 安装完毕，在 Windows 的“开始菜单”可以找到一个名为“Visual Studio 2022”的图标，如图 2-18 所示，以后就点这个图标进入 VS2022。

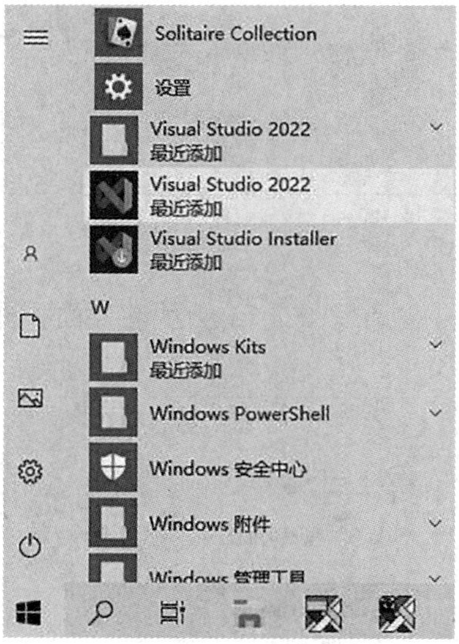

图 2-18　开始菜单中的 VS2022

2.4.3　在 Visual Studio 中新建控制台项目

Visual Studio 使用项目(project)来组织程序代码(VS 称为应用代码)，使用解决方案来组织多个项目。项目包含用于生成应用的所有代码文件、选项、配置和规则，它还负责管理所有项目文件和外部文件的关系。之所以这么复杂，是因为 VS 是基于大型复杂软件考虑的，一个大型复杂软件往往不是一段简单的代码，也不是几个代码文件简单地放在一起，而是一级一级组成的，由一个或几个代码文件完整某个功能，形成相对独立的模块，这些相对独立的模块通常用工程(project)的形式来管理，最后由多个工程组合到一起实现整个软件。

就算我们仅仅想建立一个简单的程序，也需要建立解决方案和项目，只不过解决方案里只有一个项目，而且是非常简单的项目，就一个源代码文件。在这种情况下，可以直接在 VS 启动界面，选择创建新项目(或者在文件菜单中选择“新建”→“项目”)，如图 2-19 所示。

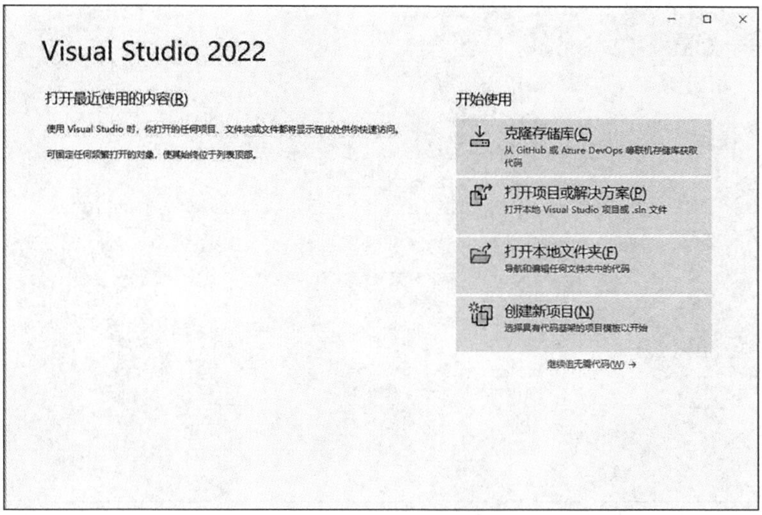

图 2-19　创建新项目

选择创建新项目后，系统弹出选择项目模板的界面，如图 2-20 所示。

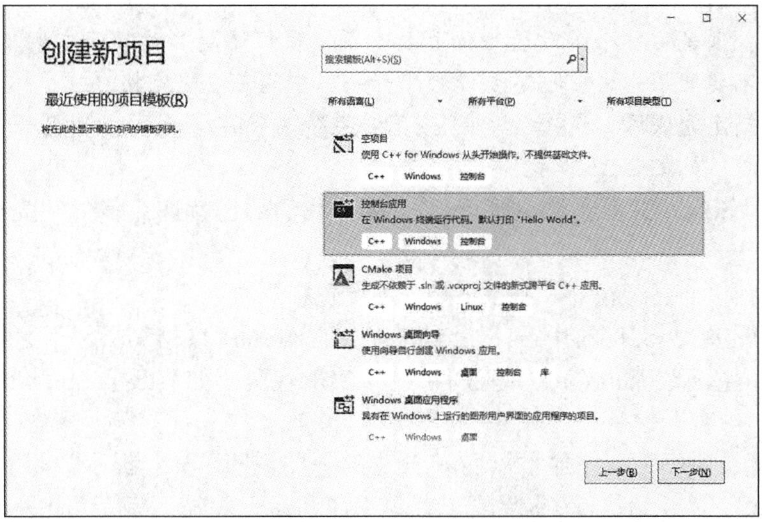

图 2-20　选择项目模板

VS的项目模板与安装选项有关，可以通过右侧的滑动条选择不同模板，通常提供的模板有“空项目”“控制台应用”“CMake项目”“Windows桌面项目”“MFC应用”等。其中“控制台应用”和“MFC应用”是本书常用的两个模板，下面先介绍“控制台应用”模板的使用。

选择“控制台应用”模板后，点击窗口右下角“下一步”按钮，系统弹出指定项目名称、项目文件保存路径等参数的界面，如图2-21所示。

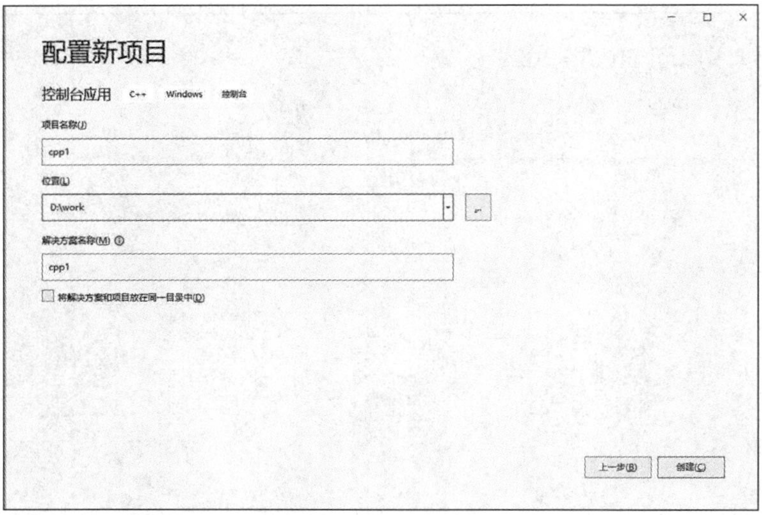

图2-21　指定工程名称和保存路径

在对话框下面输入项目名称、存放位置和解决方案名称，其中项目名称就是程序名称，而多个项目可以放到一个解决方案中便于管理。这里也可以直接用默认的名称和路径(路径就是选择文件夹)。

特别提醒：项目名称很多时候都被用于建立应用程序类名称，而中文不是编程语言，所以项目名称不要使用中文，也不要以数字开头，中间不要有空格。

所有参数指定完成后，选择“创建”按钮，系统就新建了工程，并打开了程序文件以便我们编写代码，如图2-22所示。

至此，用VS建立工程就告一段落，VS能帮我们的也就这么多了，接着就轮到我们编写程序了。

新建的工程里面已经写好了基本框架，主要包括：

(1)添加了包含头文件的代码，如“#include <iostream>”。

(2)添加了主函数main()，并且写了一句实例代码，如“std::cout<<"Hello World!\n";”。

(3)在主函数后面，还添加了以“//”开头的一些说明，如：提示学习者用“Ctrl+F5”组合键或“调试”→“开始执行(不调试)”菜单编译和运行代码，等等，此外还有一些入门提示信息，这些信息有利于学习者使用VS。

这里特别说明一下，“//”开头的语句不是程序代码，而是与程序没有关系的帮助信

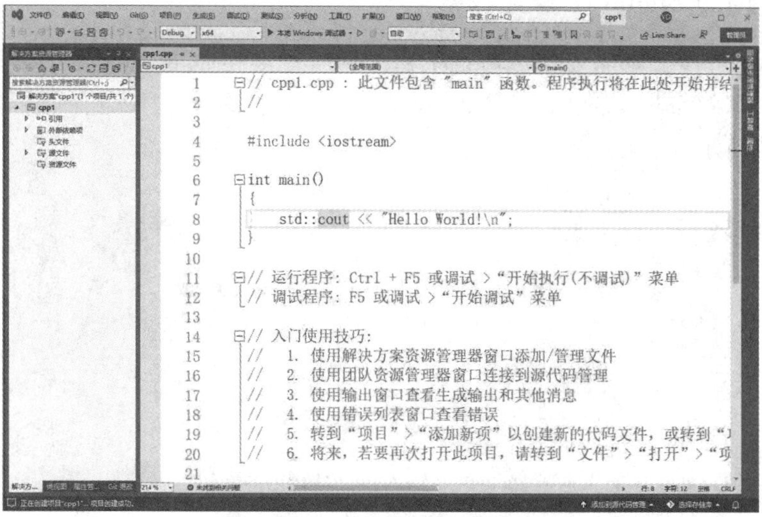

图 2-22　编写代码界面

息和提示信息，是给编程人员看的，计算机不处理这些信息。我们在任何时候都可以用“//”开头输入一些信息，帮助我们理解程序，或者提醒我们注意。

VS 这个基本框架是按大多数初学者入门编程需要设计的，本身比较合理，不要轻易删除。框架的头文件包含了标准头文件<stdio. h>和<stdlib. h>以及输入输出<iostream>，主函数 main( )也已经输入好，没有必要删除。

有些参考书推荐建立空文件，然后自己逐个输入代码，结果与自动生成的一样。但推荐使用新建工程的方式生成工程，因为随着程序复杂度的增加，很多时候需要使用系统提供的大量标准库。为了使用系统标准库，VS 采用包含标准头文件(也称为预定义头文件)的方法，而且包含标准头文件的语句必须写在程序开头。标准头文件在不同 VS 版本中不一样，例如最早是<stdio. h>和<stdlib. h>，从 VS6. 0 开始改为" stdafx. h"，VS2017 开始改为" pch. h"，VS2022 中干脆去除了标准头文件，建议初学者直接接受 VS 的推荐。

要确认 VS 生成的基本框架有没有问题，我们可以用“Ctrl+F5”组合键或点击菜单“调试”→“开始执行”对框架代码进行编译和执行。可以看到，编译没有任何错误，可以顺利执行，并在控制台界面中输出“Hello World!”，如图 2-23 所示。

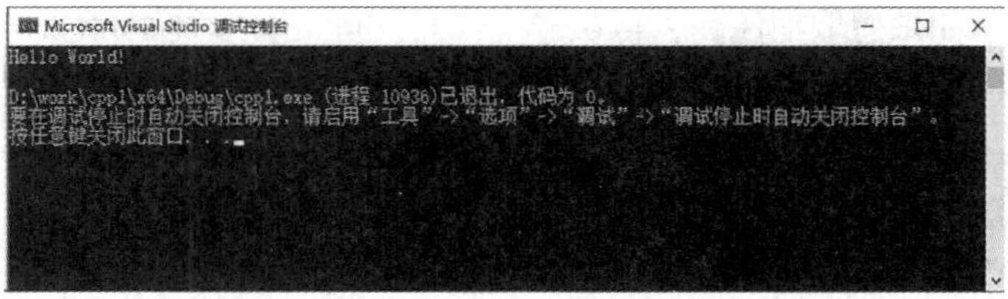

图 2-23　VS 自动生成代码正确运行界面

2.4.4 在 Visual Studio 中编写代码

每次编写新程序，都需要新建项目工程，然后直接在 main( ) 函数中编写所需要的代码，此时可以删除“std:: cout<< "Hello World! \n"”这句示例代码，然后输入自己的代码，如图 2-24 所示。

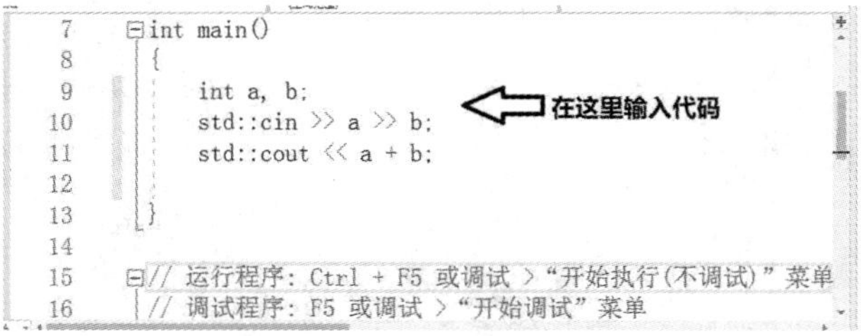

图 2-24 输入自己代码界面

在 VS 中编写 C 程序源代码，有个默认的规则，程序的第一句必须是包含标准头文件的语句。在 VS2017 以前的版本（如 VS2015）中，包含标准头文件的语句是#include "stdafx. h"，在 VS2017 及以后的版本中，包含标准头文件的语句是#include "pch. h"。这个规则并非 C 语言的语法，仅仅是 VS 的规定，如果用其他编译器编译 C 程序源代码，则根本不需要包含标准头文件的语句。若想去除 VS 的这个默认规则，则需要在 VS 的设置中修改相关参数，读者可以参考 VS 的官方说明进行修改。

VS 编译器在编辑代码方面做得非常好，它提供了一个很好的代码编辑器。输入代码后，代码编辑器会以不同的颜色标记语言关键字、方法和变量名及其他元素，方便代码的阅读和理解。

代码编辑器提供了很多辅助输入功能，例如输入库函数或任何关键字时，只要输入开始几个字母，后面就会自动弹出辅助选项，再如输入成对使用的符号( )、{ }等，只要输入第一个符号，系统马上就会添上后面的符号(自动补全功能)。

代码编辑器提供自动对齐代码的功能，例如自动将代码按语句对齐，按复合语句对齐，等等。自动对齐代码的快捷操作方法：用鼠标或键盘将希望对齐的代码选中，然后按“Alt+F5”组合键即可对齐代码。

代码编辑器提供将代码变为注释代码(暂时不执行的代码)的功能，这在学习阶段非常实用。注释一段代码的快捷操作方法：用鼠标或键盘将希望注释的代码选中，然后按“Ctrl+K+C”组合键即可，如果想取消注释，再次选中代码，再一次按“Ctrl+K+U”组合键就可以。

代码编辑器除了可按行选中代码(按鼠标左键选择)，还提供按列选择的功能，启用按列选择代码的方法是按下键盘的 Alt 键，然后就可以用鼠标按列选择代码，再进行复制、粘贴、删除等操作。

对于输入的错误信息，例如，未定义的变量、未定义的函数等，代码编辑器也会在错误标识符下面画红色波浪线提示。对编译出错的位置、语法错误或者其他错误，编辑器也会用红色波浪线提示。

完成所有代码的输入后，应该认真检查语法、逻辑等，没有问题就可尝试编译运行程序。

特别提醒：输入代码或编译程序时，可以参考红色波浪线的错误提示信息，但不能完全信任，VS 编译器只能做初级的语法判断，稍微复杂一点的语法可能就判断不了，甚至给出错误提示。有时会对没有问题的代码也一直提示有问题，那如何确认代码正确呢？可以进行编译和运行，编译没有问题，运行结果正确，表明代码是正确的。

2.4.5 在 Visual Studio 中编译与链接

1. 编译

代码写好后，在 VS 界面菜单栏中选择“生成”→“编译”，就可执行源文件的编译工作，如图 2-25 所示。

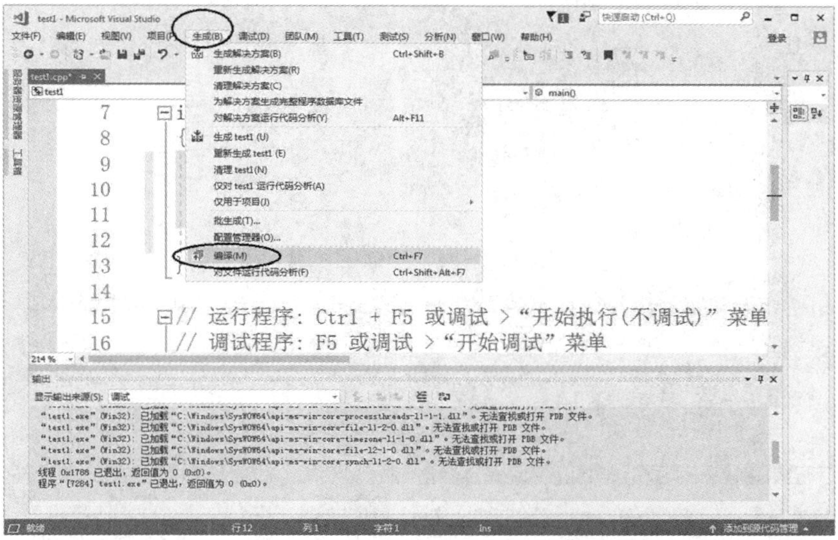

图 2-25　编译程序菜单

直接按下快捷键“Ctrl+F7”，也能执行编译工作。如果代码没有错误，会在下方的“输出窗口”中看到编译成功的提示，如图 2-26 所示。

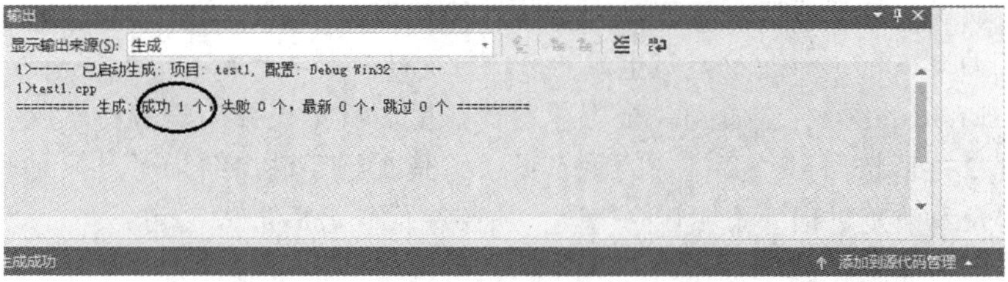

图 2-26　编译成功提示信息

编译完成后，打开项目目录下(本例中是 D:\C_Prog\ test1)的 Debug 文件夹，会看到一个名为 test1. obj 的文件，此文件是编译生成的中间文件，这种中间文件称为目标文件(Object File)，在 VS 中，目标文件的后缀都是 . obj。目标文件可以作为链接提供给他人，因此也是非常重要的成果。

2. 链接

编译成功后还需要链接才可以形成可执行文件。链接的操作过程为：在菜单栏中选择“生成”→“仅用于项目”→“仅链接 test1”，就可以完成 test1. obj 的链接工作，如图 2-27 所示。

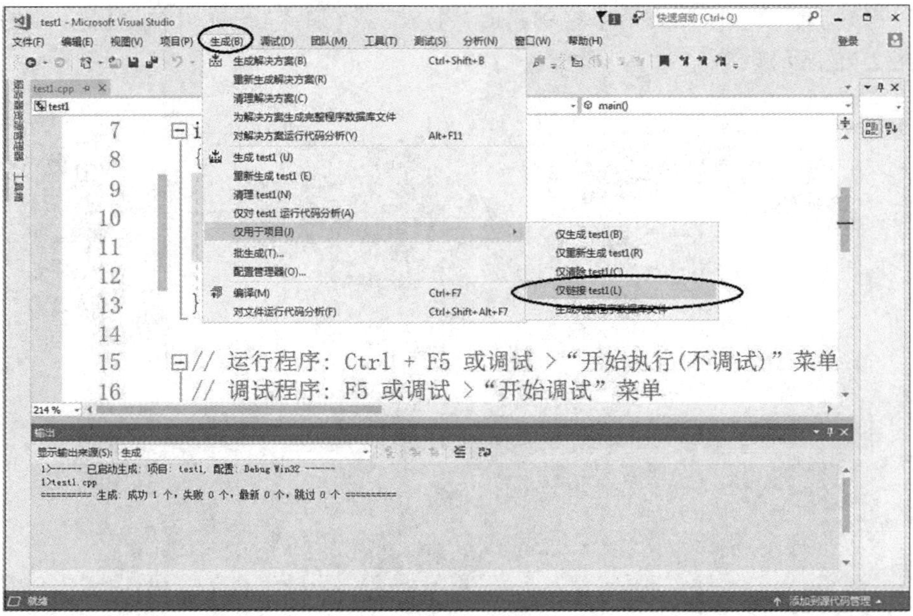

图 2-27　链接程序菜单

如果代码没有错误，会在下方的“输出窗口”中看到链接成功的提示，如图 2-28 所示。

本项目中只有一个目标文件，链接的作用是将 test1. obj 和系统库结合起来，形成可执行文件，如果有多个目标文件，这些文件之间还要相互结合。

链接成功后，打开项目工程目录(本例是 D:\C_Prog\ test1)的 Debug 文件夹，会看到一个名为 test1. exe 的文件，这就是生成的可执行文件。

双击 test1. exe 运行，会看到一个黑色窗口，里面有个光标闪烁等待输入，在输入两个数如 1 和 2 之后按回车，窗口一闪就不见了，其实已经输出结果了，只是时间非常短暂，没来得及看清楚过程。添加暂停代码，只要在代码最后加入一句 system("pause")就可让窗口保留，如图 2-29 所示。

代码改好后执行编译、链接两步，再找到并双击 test1. exe 运行，并输入 1 和 2 按回车

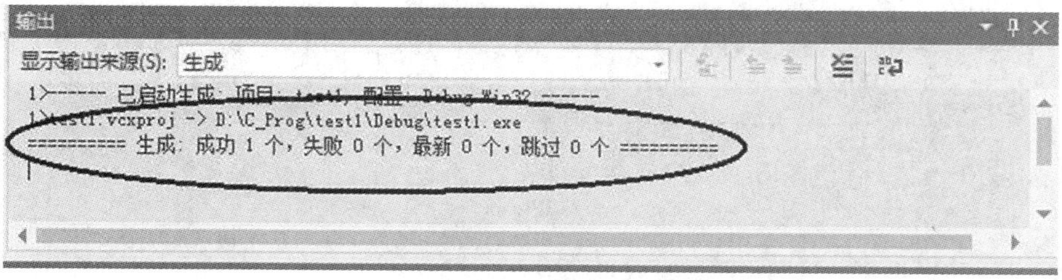

图 2-28　链接成功提示信息

键，系统就会停下，运行效果如图 2-30 所示。

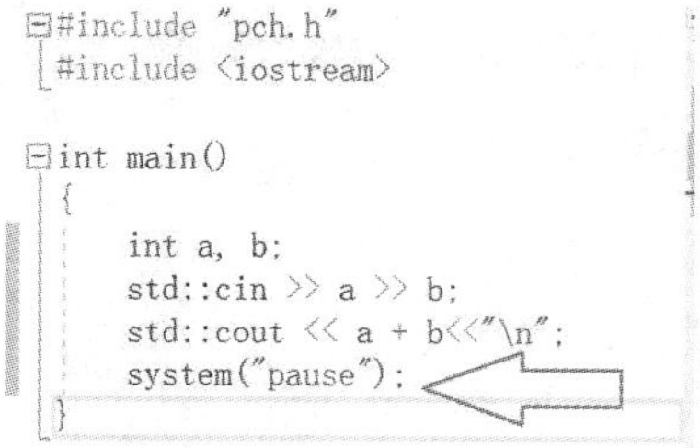

图 2-29　添加暂停代码

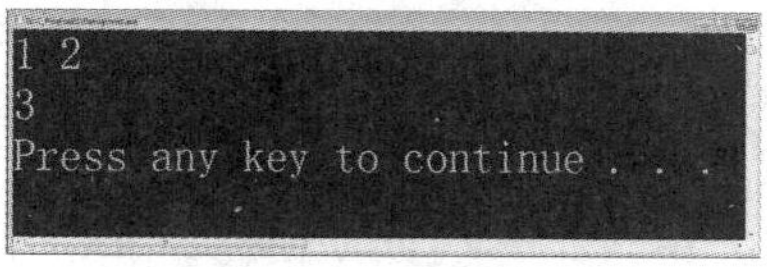

图 2-30　程序暂停效果

在黑色窗口中，我们可以看到程序输出了计算结果 3，并提示按任意键继续，此时按键盘上任意键，窗口关闭。

总结一下，用 VS 编写程序的完整过程是：

(1)新建“Windows 控制台应用程序”。

(2)编写 main( )函数的内容。

(3)利用编译器检查语法错误并修改，没有错误则将源文件转换为目标文件。

(4)将目标文件和系统库组合在一起，转换为可执行文件。

(5)检验程序功能的正确性。

其实，VS 提供了一种更加快捷的方式，可以一键完成编译、链接、运行三个动作。在工具栏中直接点击“本地 Windows 调试器”按钮，或者按 F5 键即可，按钮位置如图 2-31 所示。

用快捷方式与一步一步选菜单的效果是完全一样的，如果编译没有通过，VS 不会启动链接，而是等待我们将编译错误都改正后才开始链接。

本书例子编写的程序都是这样的控制台程序(又称“黑窗口”程序)，只能看到一些文字，这与我们平时使用的 Windows 软件有些差异。虽然看起来枯燥无趣，但是它非常简单，适合入门，能够让大家学会编程的基本知识。只有夯实基础，才能开发出带图形界面的漂亮 Windows 程序。

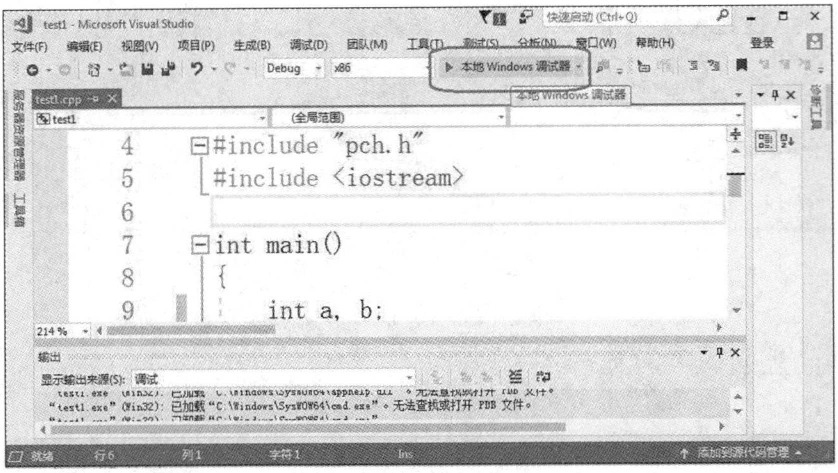

图 2-31 快捷调试按钮

2.4.6 在 Visual Studio 中特殊设置

用高版本 VS 编译程序时，会出现下面几个与各个标准 C 和 C++中描述不一致的问题，包括安全函数、for 循环中定义变量和字符集。

1. 安全函数

在 VS 下编译 C 语言程序，如果使用了 scanf( )、gets( )、strcpy( )、strcat( )等与字符串读取或操作有关的函数，VS 会报错，提示该函数不安全，并且建议替换为带有_s 后缀的安全函数，如图 2-32 所示。

scanf( )、gets( )、fgets( )、strcpy( )、strcat( )等都是 C 语言自带的标准函数，有人认为它们都有一个缺陷，就是不安全，可能会导致数组溢出或者缓冲区溢出，让黑客有可乘之机，从而发起“缓冲区溢出”攻击。于是微软自己发明了几个安全函数，如 scanf_s( )、gets_s( )、fgets_s( )、strcpy_s( )、strcat_s( )，这些安全函数在读取或操作字符串时要求指明长度，有多余字符会被过滤，避免了数组或者缓冲区溢出，但是，它们仅适用于 VS，在其他编译器中是无效的。

我们以 scanf 为例来解释一下为什么不安全，scanf 在读取字符串时不检查字符个数，例如：

```
char buf[5]={0};
scanf("%s", buf);
```

当我们输入 abcdefg 这 7 个字符时，scanf( )会全部读取，并放入 buf 中，但是前面定义的 buf 只有 5 个字符，放不下 abcdefg 这 7 个字符，于是就会写到 buf 后面的内存里面，可能导致程序在运行时出现错误。微软定义的 scanf_s 函数在 scanf 后面加了一个参数，前面的语句要这样写：

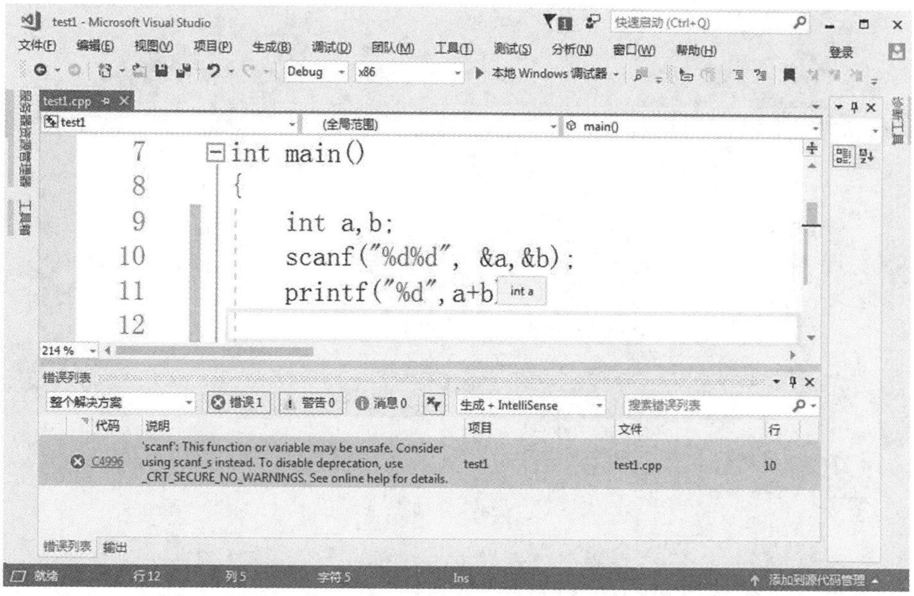

图 2-32 scanf()函数报错提示

```
char buf[5]={0};
scanf_s("%s", buf, 5);
```

后面的参数用来指明数组大小，假设它的值为 n，那么最多只允许读取 n-1 个字符，输入再多也没有用，于是就认为 scanf_s()是安全的。

但是，安全函数不利于学习，不但使用麻烦，而且写的程序不被其他编译器接受，也与大多数教程例子不一致，所以我们推荐在 VS 中关闭安全函数限制。有两种方法可以关闭安全函数的设置。

1)修改项目设置

在菜单栏中选择"项目"→"×××属性"(×××为创建的项目名称)，或者直接按下组合键"Alt+F7"，如图 2-33 所示。然后 VS 会弹出一个对话框，在对话框中选择"C/C++"→"常规"→"SDL 检查"，将"是"改为"否"，如图 2-34 所示。

修改好后点击"OK"按钮，重新编译运行程序，会发现代码中与安全检查相关的错误都不见了，程序可以正常运行。

2)在代码文件中添加宏

在源代码文件的头文件中的语句"#include "pch.h""的后面，所有其他语句前面，添加一句"#define _CRT_SECURE_NO_WARNINGS"，如图 2-35 所示，之后程序中与安全检查相关的错误都会消失，scanf()、gets()、fgets()、strcpy()、strcat()等函数可以正常使用。

2. for 循环中定义变量

在 C 和 C++语法标准中，关于 for 循环括号中定义的变量作用域修改了多次，导致有

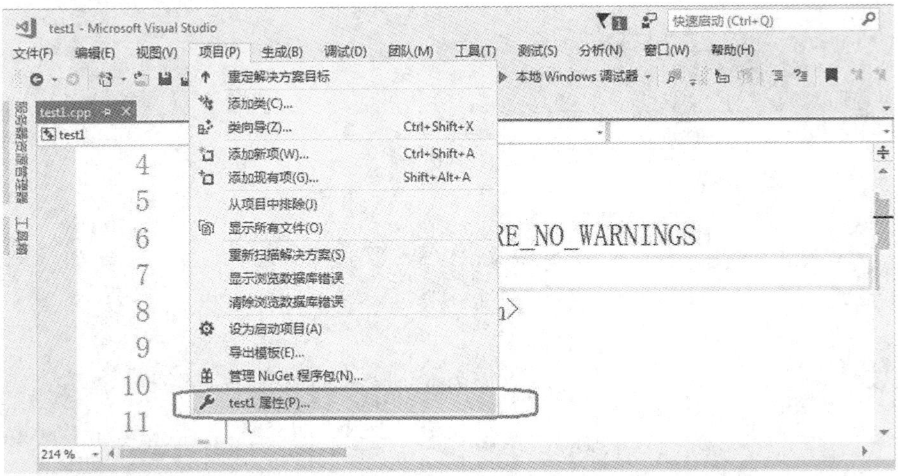

图 3-33　选择项目属性菜单

图 2-34　关闭 scanf( ) 函数报错的选项

些代码不兼容，下面解释一下这个现象。有如下代码：

```
void main(){
  for(int sum=0,i=1;i<=100;i++) sum += i;
  cout<<sum;
}
```

这个代码的功能是对 1 到 100 的所有自然数求和，然而在不同的 VS 版本中，其编译

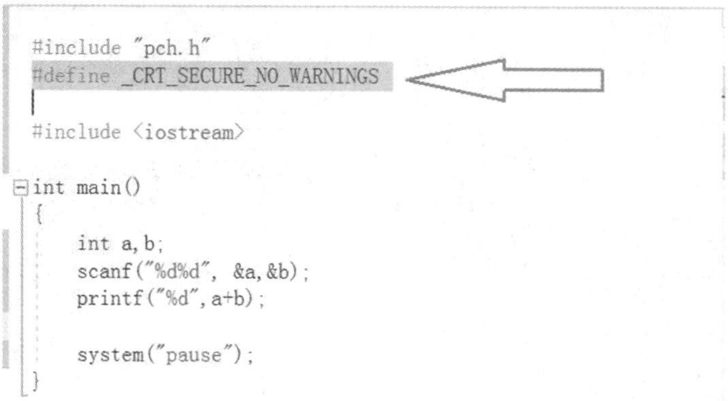

图 2-35　手工定义宏方式关闭 scanf( ) 函数报错

结果是不一样的，有的版本显示正常(如 VS6.0，VS2005)，有的版本提示 sum 未定义，这是因为 for 循环括号中定义的变量作用域不一致，如果想让编译器支持 for 循环括号中定义的变量作用域与旧标准一致，可以这样修改 VS 设定：

在菜单栏中选择“项目”→“×××属性”(×××为创建的项目名称)，或者直接按下组合键“Alt+F7”，如图 2-36 所示。

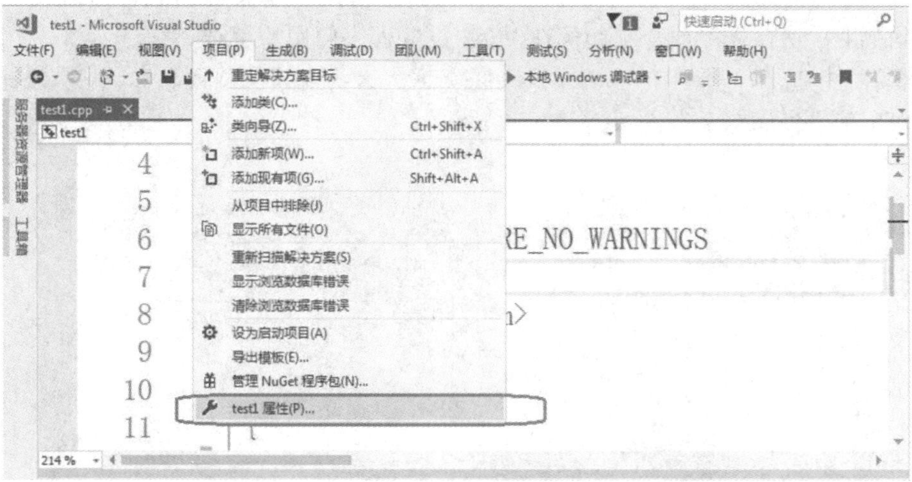

图 2-36　选择项目属性菜单

然后 VS 会弹出一个对话框，在对话框中选择“C/C++”→“语言”→“强制 For 循环范围中的合规性”，将“是”改为“否”，如图 2-37 所示。

3. 字符集

在 C 和 C++语法标准中，系统默认非英文的字符是多字节字符，即英文一个字符占一个字节(8 个 bits)，中文等其他文字用两个字节(16bits)表示一个字符。在用 string 字符串或者 CString 字符串时，对于非英文字符都需要手动将两个字节连到一起使用。随着 VS

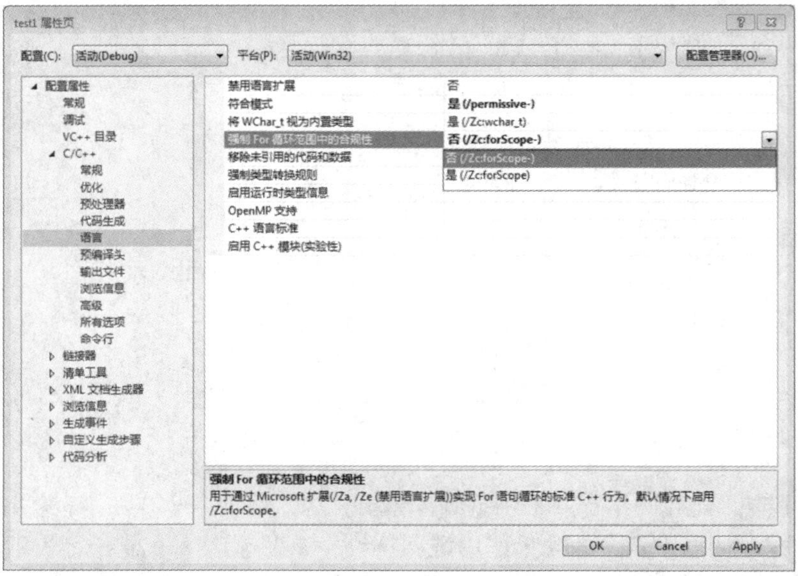

图 2-37　设置 for 循环括号中变量的作业域

编译器的升级以及语法标准的改进，VS2017 已默认采用 Unicode 字符集。在 Unicode 字符集中，每个字符与用两个字节(16bits)。在 Unicode 中处理中文等信息非常方便，但旧代码可能不能正常运行。下面介绍如何在 VS 中设置程序使用的字符集。

在菜单栏中选择“项目”→“×××属性”(×××为创建的项目名称)，或者直接按下组合键“Alt+F7”，如图 2-38 所示。

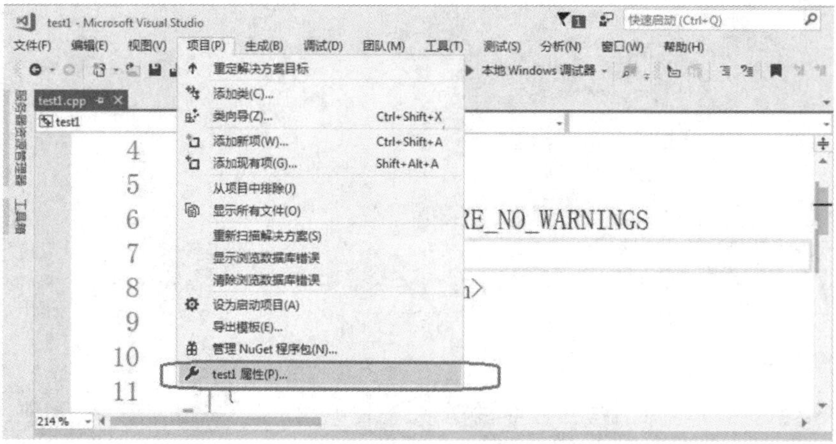

图 2-38　选择项目属性菜单

然后 VS 会弹出一个对话框，在对话框中选择“配置属性”→“常规”→“字符集”→“使用 Unicode 字符集”，修改为使用多字节字符集，如图 2-39 所示。

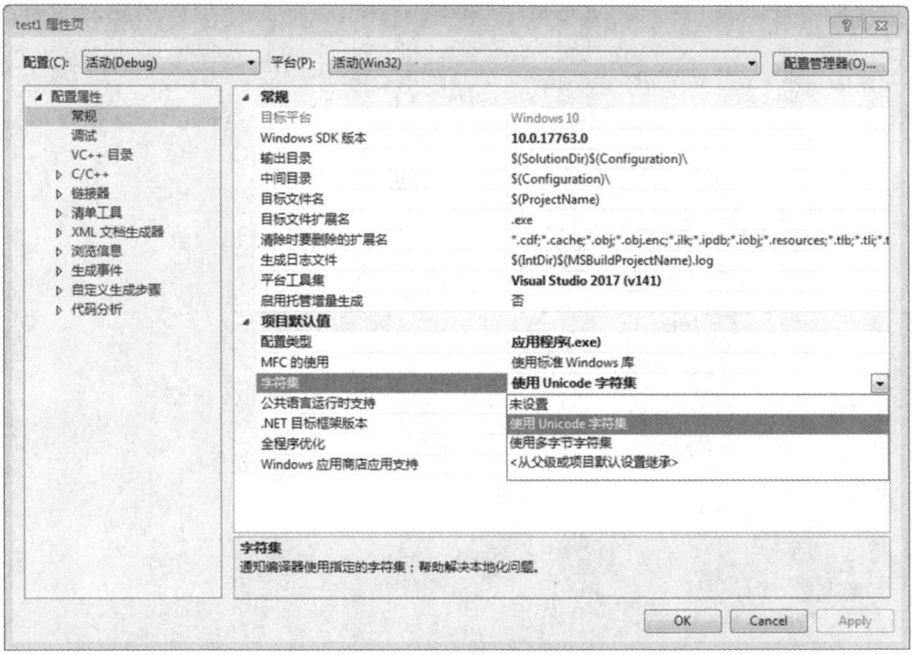

图 2-39　指定程序使用的字符集

2.4.7　在 Visual Studio 中调试程序

代码中的语法问题借助编译错误提示比较容易解决，但程序中的逻辑问题就不是那么容易解决的，此时我们需要借助 VS 的一个功能来查找逻辑问题，即对程序代码段进行调试运行。所谓调试运行代码段就是一句一句地运行程序，并实时查看过程和结果。在调试状态下，编译器首先将代码载入并编译为可执行代码，然后根据编程者的指令执行语句，并给编程者展示当前程序的一切信息，例如变量的值、寄存器值、函数地址、函数调用关系等。

调试程序常用的功能和步骤为：

(1)设置断点(VS 的快捷键是 F9)。

(2)调试方式运行程序(VS 的快捷键是 F5)。

(3)等代码执行到断点处后，单步执行语句，一次执行一句，并及时查看变量值(VS 的快捷键是 F11 或 F10)。

(4)如果碰到函数，可以进入函数(快捷键 F11)，继续单步执行语句。

(5)在后面的代码中，设置下一个调试点(快捷键 F9)，让程序运行到下一个调试点，运行到下一个断点的快捷键是 F5。

(6)调试中可以选择前面已经执行的代码，并强制再次从指定的位置执行代码。

(7)如果有必要，可以直接修改变量里面的值，然后继续调试代码。

以上调试功能也可以在 VS 的调试菜单中查看和使用，调试菜单如图 2-40 所示。

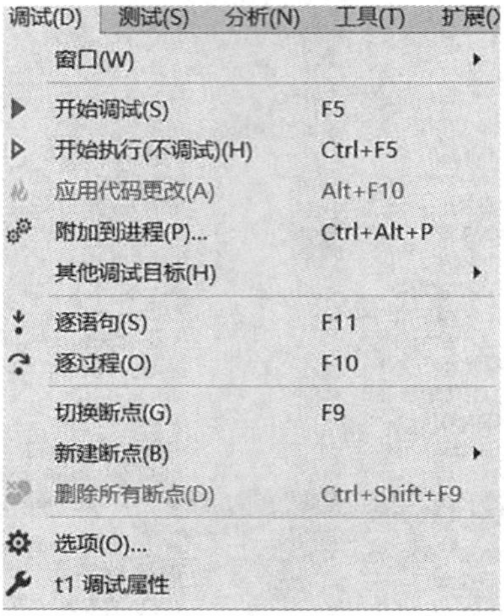

图 2-40　调试菜单

下面以实例分步介绍：

1) 设置断点

设置断点的意思是让程序运行到这一句的时候停住，让我们查看代码的执行状态，如各种变量值等。如图 2-41 所示，假设我们希望程序执行到第 15 行代码时停住，则可用鼠标将输入点放在第 15 行的任意位置，然后按 F9 键，这时第 15 行的行号前会出现一个红点，这就是断点，如果要取消断点，再次按 F9 键，红点消失，断点取消。在调试过程中，可以任意设置断点，取消断点。

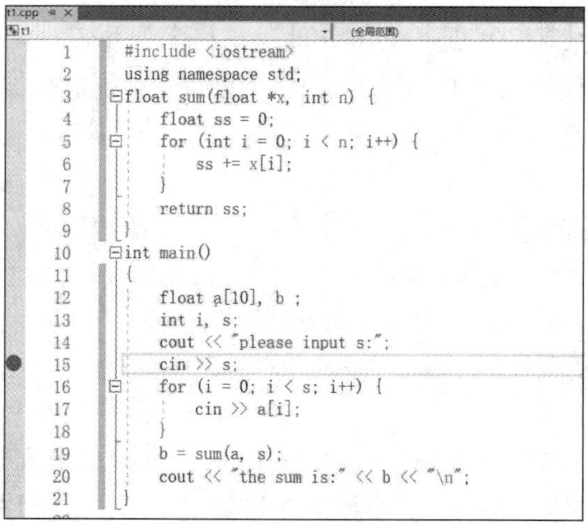

图 2-41　设置断点的方法

2) 调试方式运行程序

在调试菜单中选择“开始调试”或者直接按快捷键 F5，程序将以调试方式运行，并在执行到第 15 行的时候停止，如图 2-42 所示。

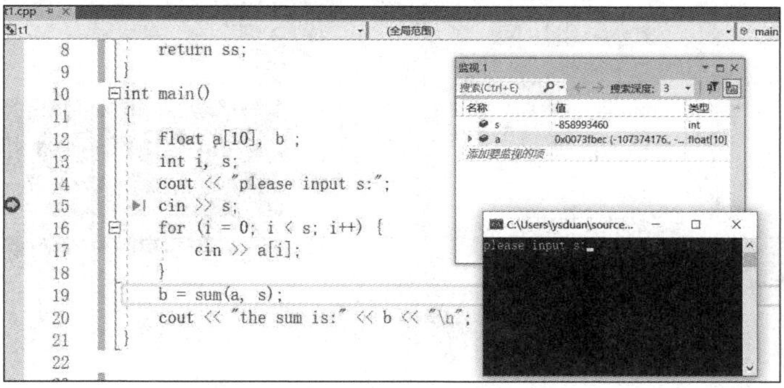

图 2-42　调试方式运行到断点

断点上出现一个向右的箭头，示意执行语句的位置。此时可以打开监视窗口，可以看到变量的当前值，用鼠标双击变量值，可以修改为自己希望的值。本例中，变量 s 和变量 a 都没有设定值，此时变量值是随机数。不用监视窗口，将鼠标移动到变量处，稍做停留，此时变量值也会在鼠标旁边显示出来。

3）单步执行语句

当程序停在断点后，如果希望执行当前语句，则可按下 F10 或 F11 键执行当前语句。F10 与 F11 的区别是 F11 前进一步，如果下一步是函数就进入函数内容，而 F10 则是执行当前语句，就算是函数也不进去，直接执行完这个语句，黄色箭头指到下一句。本例的当前语句是“cin>>s”，按 F10，执行这一句的结果是输入变量的值，因此要在控制台窗口中输入一个数，我们输入数字 5，按回车，当前执行代码变为第 16 句，如图 2-43 所示。

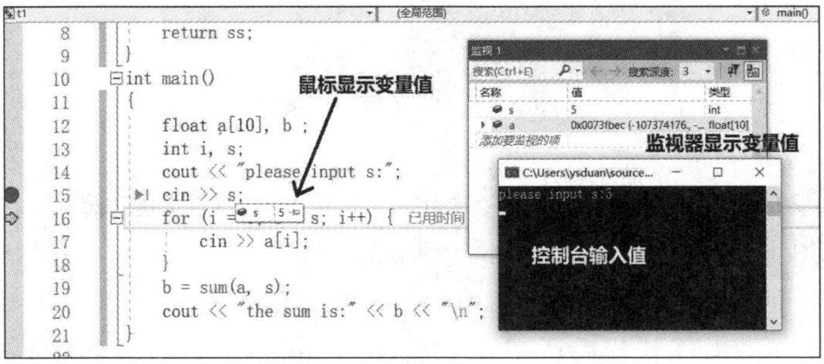

图 2-43　单步执行语句

4）设置下一个断点，并运行到断点

假设我们希望程序一直执行到第 19 行停下，中间不停，则可以用鼠标将输入热点放在第 19 行代码的任意位置，然后按 F9，则第 19 行的行号前也会出现一个红点，这就是新断点。按 F5，程序将执行 16 行后面的语句，直到第 19 行，如图 2-44 所示。

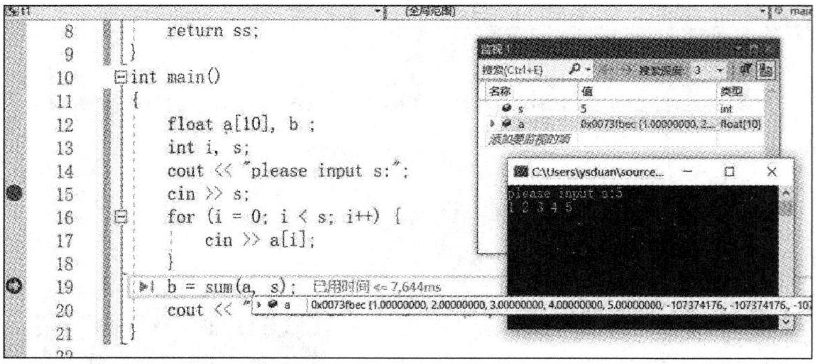

图 2-44 运行到下一个断点

5) 调试进入函数

本例的第 19 行调用了函数 sum(a, s)，此时要进入函数，则可按 F11，当前语句直接跳转到函数内，如图 2-45 所示。

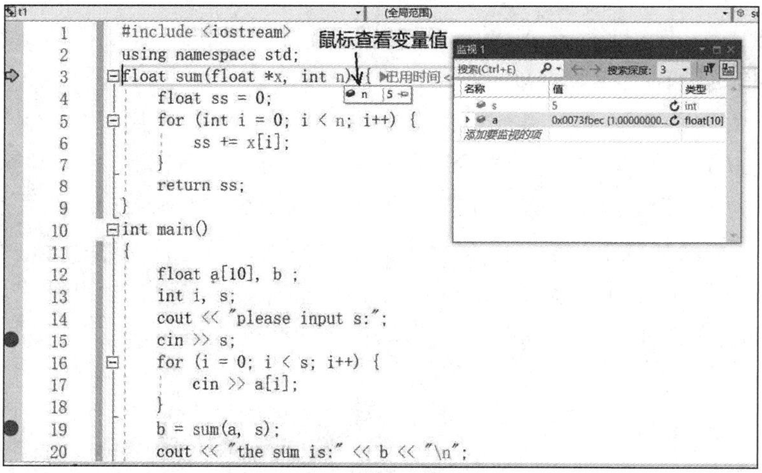

图 2-45 调试进入函数

此时可以用鼠标或监视器查看函数参数的值，并可以修改它们的值。当函数执行结束后，当前语句又会回到上一级程序，并继续调试。

6) 强制执行任意代码

调试过程中可以指定任意代码为下一句代码，包括已经执行过的代码。例如本例中，代码已经执行到第 19 句，我们希望下一个语句是第 14 句，此时将输入光标定位到第 14 句，然后点击右键，在右键菜单中选择“设置下一条语句”，如图 2-46 所示。

设置成功后，刚刚选择的第 14 句将立刻成为当前语句，并再次开始执行后面的代码，如图 2-47 所示。

以上为常用调试功能与调试步骤，还有很多调试功能需要大家自己慢慢摸索。调试程序对编程非常重要，程序基本都是调试出来的，很多时候调试代码花的时间和精力比编写代码要多得多。一个优秀的编程人员会乐于调试代码，因为通过调试可以发现程序中的问题，并提高自己的技能水平。

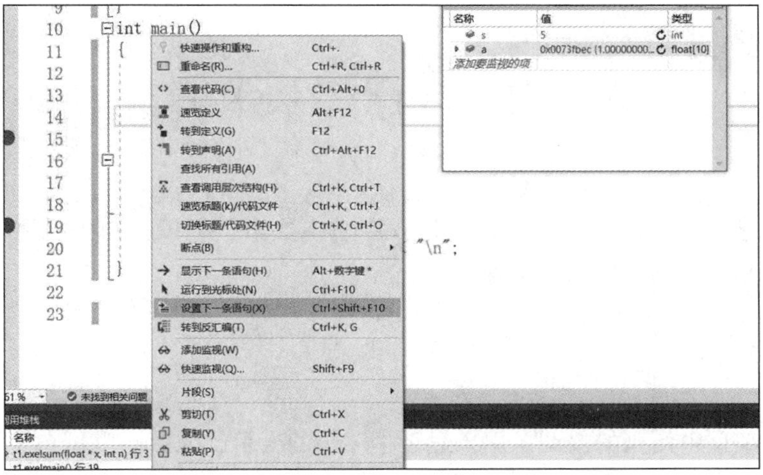

图 2-46 强制执行任意代码

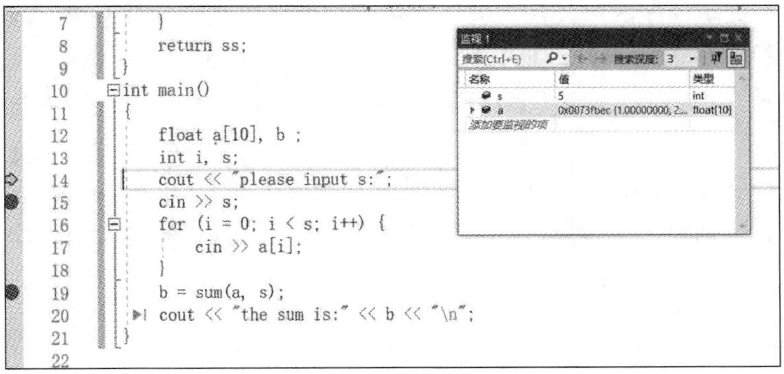

图 2-47 设置任意语句为当前语句

2.5 习题

1. 简述软件开发的过程。
2. 软件开发模型有哪些？
3. 列举几种程序设计语言。
4. C 程序的基本单位是__________，一个 C 程序中至少应包括一个__________函数。
5. Visual Studio 是什么，有什么用处？
6. 什么是安全函数？Visual Studio 提示安全函数错误时，应该怎么设置？
7. Visual Studio 默认用什么字符集？标准 C 语言要使用多字节字符集，如何设置？
8. 什么是调试程序？什么是断点？如何设置？设置断点有什么用？
9. 在 Visual Studio 中怎么让程序一句一句地执行？这样做有什么好处？

第 3 章　程序的基本要素

本章将讲述 C 语言的基础知识，包括程序基本要素、标识符与关键字、变量声明语句、赋值语句和基本输出输入语句等内容。

3.1　标识符与关键字

标识符是编程中使用的单词，用来命名程序中的变量、函数、常量、类和对象等。标识符可由英文字母、数字和下划线组成，并且第一个字符不能是数字(标识符不能用中文，中文不能作为编程语言标识符)。在 C++中，大小写字母被认为是不同的字符。使用标识符时，为了提高程序的可读性，应该尽量使用能够表达其含义的单词或缩写，但不能把 C 和 C++关键字作为标识符。虽然标识符的长度不受限制，但编译器能识别的最大长度是有限的(一般为 32 个)，对于长度超限的标识符，编译器会忽略多余的字符，并且不给出语法错误提示信息。

关键字是 C 和 C++编译器预定义的、具有固定含义的保留字，在程序中表达特定的含义，如表示数据类型、存储类型、类和控制语句等。根据扩展的功能，C++增加了一些 C 语言中没有的关键字，并且不同 C++编译器的关键字也有所不同，表 3-1 是标准 C++的主要关键字。

表 3-1　　**标准 C++的主要关键字**

asm	do	if	return	typedef
auto	double	inline	short	typeid
bool	dynamic_cast	int	signed	typename
break	else	long	sizeof	union
case	enum	mutable	static	unsigned
catch	explicit	namespace	static_cast	using
char	export	new	struct	virtual
class	extern	operator	switch	void
const	false	private	template	volatile
const_cast	float	protected	this	wchar_t
continue	for	public	throw	while
default	friend	register	true	
delete	goto	reinterpret_cast	try	

在利用 VS 源代码编辑器输入源程序时，对于较长的关键字，可以利用编辑器提供的自动补全单词功能，以减少手工输入量。

3.2 数据类型与变量

3.2.1 数据类型

数据类型是计算机处理信息的一种分类。计算机在处理不同的数据时是有差异的。例如，对自然数这种数据类型，计算机就用整数运算法则来处理，而实数则用浮点数运算法则来处理。基本的数据类型有字符、整数、浮点数等，常用的 C 与 C++基本数据类型如表 3-2 所示。

表 3-2 **C 与 C++基本数据类型表**

类型	关键字	含义	所占内存
布尔型	bool	表示真与假	1 Byte
字符型	char	表示字母	1 Byte
整型	int	表示整数	4 Byte
短整型	short	表示整数	2 Byte
长整型	long	表示整数	4 Byte（或 8 Byte）
64 位长整型	int64	表示整数	8 Byte
浮点型	float	表示小数	4 Byte
双浮点型	double	表示小数	8 Byte
128 位浮点型	long double	表示小数	16 Byte
无类型	void		0 Byte
宽字符型	wchar_t	表示中文字	2 Byte
指针	<类型>*	表示地址	4 Byte(或 8 Byte)

一些基本类型可以使用类型修饰符进行修饰，类型修饰符如表 3-3 所示。

表 3-3 **类型修饰符列表**

类型修饰符	含义	举例
signed	有符号	signed int
unsigned	无符号	unsigned char

续表

类型修饰符	含义	举例
short	短类型(是原先的一半)	short int
long	加长类型(是原先的一倍)	long int

也可以使用 typedef 为一个已有的类型取一个新的名字。用 typedef 定义一个新类型的语法如下：

typedef <数据类型> <新名字>

实例代码：

```
typedef float real; //给浮点数 float 类型取新名字为 real。
typedef unsigned char BYTE; //给无符号字符类型取新名字为 BYTE。
```

与typedef 很像的一个语法是 #define，#define 是宏定义，其作用也是用某个简单标识符代表程序中的某个表达式，其语法格式为：

#define <宏名称>　<实际代码>

用 #define 实现以上功能的代码为：

```
#define real float
#define BYTE (unsigned char)
```

从本质上讲计算机只有三种数据类型：

(1)字符，一共有 127 个，可读可见的字符主要就是键盘上可以看到的 0~9 数字字符，26 个字母的大小写，运算符+、-、*、/、&、! 等从 32 到 126 的 95 个字符，计算机可以使用的所有字符如表 3-4 所示。

表中 ASCII 指的是字符的 ASCII 码，相当于编号，字符一共有 128 个，它们的 ASCII 码就是 0~127。计算机处理字符时，就用 ASCII 码进行记录和运算，但在屏幕上显示的时候就显示对应的字符。也就是说，字符在计算机中保存的是其 ASCII 码，只是在显示的时候显示其字符的图形，使用字符可以直接用 ASCII 码，也可以用字符，用字符时需要用单引号括注，例如字符 A 在程序中是'A'，字符 0 在程序中是'0'。字符类型一次只能保存一个字符，如果需要表示多于一个字符，必须用字符串，字符串在后面会单独学习。

(2)整数，计算机中的整数与数学中的整数完全一样，包括正整数、负整数和 0，整数在数轴上是等间隔连续的，相邻整数的间隔是 1。

(3)浮点数，浮点数与数学中的实数有点像，但是有很大的区别，计算机中的浮点数是实数的一种近似，在数轴上不是连续的，也不是等间隔的。特别注意的是，整数和浮点数在计算机中是两个完全不一样的类型，不能认为它们可以相等。通常只有值比较小的整数可以赋值到浮点数类型中，少量没有小数部分的浮点数可以赋值到整数类型中，大多数没有小数的浮点数不能赋值到整数类型。因此在程序设计中要注意整数和浮点数赋值时不要弄错类型。

特别提醒：数字字符与整数也是不同的，例如数字字符'0'、'1'、'2'标识的是三个符号，它们不表示整数0、1、2，更不能当作整数0、1、2使用。

表3-4 **计算机可用字符表**

ASCII值	字符	ASCII值	字符	ASCII值	字符	ASCII值	字符
000	null	032	(空格)	064	@	096	'
001	☺	033	!	065	A	097	a
002	☻	034	"(双引号)	066	B	098	b
003	♥	035	#	067	C	099	c
004	◆	036	$	068	D	100	d
005	♣	037	%	069	E	101	e
006	♠	038	&	070	F	102	f
007	(beep)	039	'(单引号)	071	G	103	g
008	(backspace)	040	(	072	H	104	h
009	(tab)	041	)	073	I	105	i
010	(换行)	042	*(乘号)	074	J	106	j
011	♂	043	+(加号)	075	K	107	k
012	♀	044	,(逗号)	076	L	108	l
013	(回车)	045	-(减号)	077	M	109	m
014	♫	046	.(小数点)	078	N	110	n
015	☼	047	/	079	O	111	o
016	►	048	0	080	P	112	p
017	◄	049	1	081	Q	113	q
018	↕	050	2	082	R	114	r
019	!!	051	3	083	S	115	s
020	¶	052	4	084	T	116	t
021	§	053	5	085	U	117	u
022	▬	054	6	086	V	118	v
023	↨	055	7	087	W	119	w
024	↑	056	8	088	X	120	x
025	↓	057	9	089	Y	121	y
026	→	058	:(冒号)	090	Z	122	z
027	←	059	;(分号)	091	[	123	{
028	∟	060	<	092	\	124	|
029	↔	061	=	093	]	125	}
030	▲	062	>	094	^	126	~
031	▼	063	?	095	_(下划线)	127	△

3.2.2　变量

变量有点像我们生活中的容器或工具，比如一个碗，我们喝水可以用碗，我们吃饭也可以用碗，这个碗就是一个变量，可以放入不同的东西。类似于容器的变量，既方便我们操作，同时也对操作对象进行了定量和定位。如果事先在容器中装入了一个对象，在需要这个对象的时候，直接取容器就可以了。

程序设计时，我们需要先在系统中定义一个容器也就是变量，并取一个好记的名字，以后就用名字指代这个容器，这个过程就是变量的定义，也即变量声明语句，其语法如下：

<数据类型> <变量名>;

实例代码：

```
int a;//含义:定义一个可以装一个整数的变量。
```

值得注意的是：

(1)C 和 C++的变量是按类型分类的，某个类型的变量只能放本类型的数据，不能随便放其他类型的数据。

(2)C 和 C++的变量必须先定义再使用，没有定义的变量无法使用。

特别指出的是，变量只能保存一份数据，一旦写入新数据，原来的数据就会被覆盖。变量的值被修改后，程序执行的都是修改后的值，直到变量再次被修改。如果要想交换两个变量的值，必须借助第三个变量。这就像两个同样大小的碗，一个装满玉米，一个装满大米，要交换它们的内容，必须再找一个同样大小的空碗，暂存到空碗中才可以实现内容交换。

3.2.3　常量与 const

常量是指其代表的值始终不变的一种表达。常量可以是任何基本数据类型，包括整型数、浮点数、字符、字符串和布尔值。常量的使用与变量一样，只不过常量的值无法改变，因为它本身就是一个确定的值。

常量也分数据类型，常量的数据类型是通过书写方式来实现的，常见的常量类型如下：

(1)整数常量，十进制整数常量就是普通的十进制整数，如 1、2、-6 等。十六进制常量通过添加前缀 0X 来实现，如 0X10、0X888 等。二进制整数常量是在数值后面加上后缀 B 来实现的，如 1011B、10010001B 等。

(2)浮点常量，浮点常量由整数部分、小数点、小数部分和指数部分组成，指数部分用 E 连接，如果没有指数部分则可以省略。如 1.23、0.12345E2 等。

(3)布尔常量，布尔常量只有两个：true 和 false，都是标准的 C++关键字。

(4)字符常量，通过给字母加上单引号来表示，如'a'、'b'、'c'等。如果遇到无法直接输入的字符如换行符、制表符等，就需要用转义方式表示，转义方式的格式是在单引号中先输入左斜杠(\)然后再输入代表字符的字母，如回车字符为'\r'、换行字符为'\n'等，常见的转义字符如表 3-5 所示。

表 3-5　　　　常见的转义字符表

转义字符	含　义	ASCII 码
\a	响铃(BEL)	7
\b	退格(BS)，将当前位置移到前一列	8
\f	换页(FF)，将当前位置移到下页开头	12
\n	换行(LF)，将当前位置移到下一行开头	10
\r	回车(CR)，将当前位置移到本行开头	13
\t	水平制表(HT) 跳到下一个 TAB 位置	9
\v	垂直制表(VT)	11
\\	代表一个反斜线字符“\”	92
\'	代表一个单引号(撇号)字符	39
\"	代表一个双引号字符	34
\0	代表 ASCII 为 0 的字符	0

使用转义符时，也可以直接用“\ASCII 码”的格式表示，不过要注意的是此时使用的 ASCII 码是八进制。例如“\40”代表 ASCII=32 的字符，即空格，“\101”代表 ASCII=65 的字符，即字母 A。

(5)字符串常量，字符串常量通过加双引号("")来表达，字符串包含的字符有：普通的字符、转义字符和通用字符(包括中文，中文可以出现在字符串中，也只能在字符串中使用中文，程序的其他地方不能用中文)，例如："c++"、"Hello\tworld!\n"、"面向对象"等。注意：在统计字符串长度时，转义字符就是一个字符，无论怎么写都是一个字符。例如"\110\32\109"仅有 3 个字符。

有时候为了方便程序的相互理解，我们希望定义这样一种变量，它的值不能被改变，在整个作用域中都保持固定，例如定义圆周率 pi，重力常数 *g* 等，这种情况下，可以使用 const 关键字对变量加以限定，让变量代表常量，语法如下：

const<数据类型> <变量名> = <常量的数值>;

实例代码：

```
const double pi = 3.141592653589793;//定义圆周率 pi 作为常量。
const double g=9.8; // 定义重力系数 g 作为常量。
cosnt char errMsg[]="程序出错了"; //定义字符串常量。
```

注意：const 常量只能在定义的时候赋值，其他任何时间、任何情况下都无法修改它的值。

3.2.4　宏定义

与常量 const 非常接近的一个语法是宏定义#define。准确地讲，宏定义不算 C 语言的语法，而是给编译器用的，属于预处理指令。宏定义必须用关键字 #define，前面的#不能少，其作用是将程序中的某个表达式定义为一个简单好记的字符串，便于后续编写和理解程序，语法格式为：

#define<宏名称>　<实际的表达式>

例如用 PI 代表 3. 141592653589793 的语法为：

#define PI 3. 141592653589793

在程序中使用 3. 141592653589793 时，就直接写 PI，方便编写代码。

宏定义不仅可以定义一个简单的值，也可以定义一些复杂的表达式、字符串等，例如可以定义 SORT 表示选择排序代码，以后用这个简单单词就表示一大段代码。

```
#define SORT   for( int i=0;i<n;i++ ){  for( int j=i+1;j< n;j++ ) { \
if (a[i]>a[j]) int t = a[i]; a[i]=a[j]; a[j]=t; }  }
```

注意第一句末尾的“\”是代表接上下一行的意思,不能省略。

注意:宏定义仅对编译器有效,编写程序的时候,就将宏定义的代码放在宏位置。此外,程序中一个宏名称不能重复定义,如果两次定义了同一个名称就会报错。宏定义可以取消定义,语法是:

#undef<名称>

其作用是取消一个宏名称的宏定义。

3.3　运算符和表达式

运算符是表示各种运算的符号,用于告诉编译程序生成对应的运算指令。数字、运算符、分组符号(括号)、变量等可组成一个表达式。

3.3.1　赋值运算

赋值是一种最基本的运算,其运算符是“=”,它的作用是将一个数据赋给一个变量。特别注意,“=”与初等数学中的等于号有些区别,初等数学中等于号的作用是将左边的表达式算出来放在右边,而赋值运算是将“=”运算符右边的值赋给左边的变量。如“a=3;”的作用是把常量 3 赋给变量 a,赋值运算也可以将一个变量或者表达式的结果赋给一个变量,例如使用合法表达式的语句“a=3. 1415 * 2+893;”。

如果赋值运算符两侧的类型不一致,在赋值时就必须进行类型转换,系统默认的转换规则如下:

(1)将浮点型数据(包括单、双精度)赋给整型变量时,会舍弃小数部分。

(2)将整型数据赋给浮点型变量时,将数值转换为浮点数存储到变量中。

(3)将一个 double 型数据赋给 float 变量时,只保留数值最前面的 7 个数字,后面可能用随机数补全。

(4)字符型数据赋给整型变量,将字符的 ASCII 码赋给整型变量。

(5)将一个 int、short 或 long 型数据赋给一个 char 型变量,只将其低 8 位原封不动地放到 char 型变量中,高于 8 位的值全部舍弃。

(6)将 signed(有符号)型数据赋给长度相同的 unsigned(无符号)型变量,将存储单元内容原样照搬,连原有的符号位也作为数值一起传送,如果是负数,则赋值结果变为一个很大的数。

3.3.2 算术运算、关系运算和逻辑运算

C 与 C++的运算符十分丰富,这使得 C 与 C++的运算十分灵活方便,例如,对于赋值运算符“=”,“a=b=c=4;”是合法的表达式。这与其他语言有很大差异,C 和 C++提供的运算包括算术运算、关系运算和逻辑运算。

C 和 C++的算术运算如表 3-6 所示。

表 3-6　**算术运算表**

算术运算符	含　　义	在数学中的表示
+	加法运算	+
-	减法运算	-
*	乘法运算	×
/	除法运算	÷
%	取余运算	
++	自加 1 运算	
--	自减 1 运算	

这些算术运算符中自加 1 运算“++”和自减 1 运算“--”有点不一样,普通的运算符对参加运算的变量没有影响,不修改参加运算的变量。例如,加法运算“a+b”中,无论怎么运算,a 和 b 的值没有修改,原先是多少,运算完成后还是多少,但是自加 1 运算“++”和自减 1 运算“--”不一样,这两个运算符会修改变量的值,例如:

```
int i=0,j=100;
i++;
j--;
```

这几句代码中，执行了 i++后，i 变量里面的值已经不是 0，而是 1 了，同样地，j 变量里面的值也变为 99 而不是 100。

此外，自加 1 运算“++”和自减 1 运算“--”在连续表达式中，运算符放在变量前和变量后意思还有区别，单个表达式则没有差异。

表达式中自运算符放在变量前表示：先执行自运算，然后再参与表达式运算。

表达式中自运算符放在变量后表示：先参与表达式运算，然后再执行自运算。

举例说明如下：

```
void main(){
    int i=0,j=0;
```

```
    int a;
    a = i++ + j++;
    cout<<a<<" "<<i<<" "<<j;
}
```

输出结果为：0 1 1；

因为自加 1 运算“++”放在变量 i，j 后面，根据规则先参与表达式运算，表达式运算的结果是 0，然后再执行自运算，自运算结果是 1 和 1。

修改一下变为这样：

```
void main(){
    int i=0,j=0;
    int a;
    a =++i + ++j;
    cout<<a<<" "<<i<<" "<<j;
}
```

输出结果为：2 1 1；

因为自加 1 运算“++”放在变量 i，j 前面，根据规则先执行自运算，自运算结果是 1 和 1，然后参与表达式运算，表达式运算结果是 2。

除了上述算术运算符外，其他的数学运算需要引用库函数实现，使用数学库函数时需要在程序文件的开头包含数学库头文件“math. h”，常用的数学函数如表 3-7 所示。

表 3-7　**常用数学函数表**

数学运算函数	含　义	举　例
sqrt()	求算术平方根	求 90 的平方根：sqrt(90)
pow()	求幂	求 5 的 3 次方：pow(5, 3)
log()	求自然对数	求 21 的自然对数：log(21)
abs()	求整数绝对值	求-12 的绝对值：abs(-12)
fabs()	求浮点数绝对值	求-1. 2 的绝对值：fabs(-1. 2)
sin()	求弧度角正弦	求 0. 2 弧度的正弦：sin(0. 2)
cos()	求弧度角余弦	求 0. 2 弧度的余弦：cos(0. 2)
tan()	求弧度角正切	求 1. 2 弧度的正切：tan(1. 2)
asin()	求反正弦	求 0. 1 的反正弦：asin(0. 1)
acos()	求反余弦	求 0. 3 的反余弦：asin(0. 3)
atan()	求反正切	求 12 的反正切：atan(12)

续表

数学运算函数	含　义	举　例
atof()	字符串变浮点数	atof("12.321")
atoi()	字符串变整数	atoi("321")
rand()	得到一个随机整数	int a=rand();

特别提醒：C 和 C++的求幂运算不是“^”，必须用 pow 函数。如果遇到求平方，将变量写两遍直接相乘即可，求平方根只能用 sqrt 函数。

关系运算是指对两个数据进行比较的运算，C 和 C++的关系运算如表 3-8 所示。

表 3-8　**关系运算表**

关系运算符	含　义	数学中的表示
<	小于	<
<=	小于或等于	≤
>	大于	>
>=	大于或等于	≥
==	等于	=
!=	不等于	≠

关系运算符都是双目运算符，其结合性均为左结合。关系运算符的优先级低于算术运算符，高于赋值运算符。在六个关系运算符中，<、<=、>、>=的优先级相同，高于==和!=，==和!=的优先级相同。

关系运算中，最容易错的是等于(==)，等号要写**两遍**，很多初学者总是忘记写两遍，导致程序运行不正常。另一个易错的是：数学中常用的某个数在某区间的表达如“(-1<x<1)”，这个表达在 C 和 C++中都不能用，C 和 C++中不支持这个语法，必须分开写为“(-1<x && x<1)”，关系运算最多只有两个数进行运算。

逻辑运算是对几个数据进行逻辑判断，即“与、或、非”运算，C 和 C++的逻辑运算如表 3-9 所示。

表 3-9　**逻辑运算表**

逻辑运算符	作用与含义	结合性
&&	与运算，双目，对应数学中的“且”	左结合
||	或运算，双目，对应数学中的“或”	左结合
!	非运算，单目，对应数学中的“非”	右结合

逻辑运算的结果只有真“true”和假“false”。

与运算“&&”的规则：参与运算的两个表达式都为真时，结果才为真，否则为假，如((1>0)&&(2>0))的结果为真，((1>0)&&(2<0))的结果为假。

或运算“||”的规则：参与运算的两个表达式只要有一个为真，结果就为真；两个表达式都为假时结果才为假，如((1>0)||(2<0))的结果为真。

非运算“!”的规则：参与运算的表达式为真时，结果为假；参与运算的表达式为假时，结果为真。

3.4　基本语句

语句是函数的基本单位，语句通常由表达式构成。C 和 C++的语句通常以“;”结束，使用最多的基本语句包括变量声明语句、赋值语句、输入输出语句、选择语句与循环语句。

3.4.1　变量声明语句

C 语言的语法规定，任何变量在使用前必须进行声明，声明语句是对变量类型的定义，也就是定义变量里面可以保存的数据类型。前面讲过，变量就如一个容器，可以将数据装入，定义变量时给变量一个名称，引用时引用变量名即可。其语法如下：

<数据类型>　<变量名>;

实例代码：

```
int a; //含义：定义一个可以装一个整数的变量。
```

再次强调：

(1)C 和 C++的变量是分类型的，一个变量只能放本类型的数据，不能放其他类型的数据。

(2)C 和 C++的变量必须先定义再使用。

3.4.2　赋值语句

赋值语句是最基本的 C 和 C++语言；它的作用是将一个常量数据或表达式计算的结果赋给一个变量。赋值语句的核心是使用赋值运算，语句的末尾一定是“;”，赋值语句可以直接在定义变量时使用，也可以在定义变量后其他位置使用。变量赋值语句的格式如下：

<变量名> = <变量初始值>;

实例代码：

```
i=0;
j=0;
```

如果赋值运算符两侧的类型不一致，在赋值时必须进行类型转换。赋值语句的左边一定是变量，不能给变量以外的标识符赋值。

3.4.3 基本输入输出语句

输入输出(input and output)是人们和计算机“交流”的过程。最早的计算机只提供控制台(即命令行窗口)进行交流。随着技术的发展，现在的计算机有了很多专门的输入输出设备，例如鼠标、游戏杆、触摸屏、指纹识别器、摄像头、话筒、扬声器、3D 打印机等。

在控制台程序中，输出一般是指计算机将数据(数字、字符等)显示在计算机屏幕上，而输入一般是指在键盘上输入的数据。C 和 C++提供了大量可用于控制台输入、输出的函数，最常见的有两个类，输入类是 cin 读作 c，in，输出类是 cout，读作 c，out，可以根据读音记忆。cin 就是 c 语言的 in(输入)，cout 就是 c 语言的 out(输出)，使用它们时需要在程序源文件开头包含头文件“iostream”。

用 cout 输出变量的例子如表 3-10 所示。

表 3-10　**cout 输出变量举例**

功能	例句
输出 char 变量 c	cout<<c;
输出 int 变量 n	cout<<n;
输出 float 变量 fv	cout<<fv;
输出 double 变量 dv	cout<<dv;
输出字符串变量 str	cout<<str;

用 cin 输入值到变量的例子如表 3-11 所示。

表 3-11　**cout 输入数据举例**

功能	例句
读入 char 变量 c	cin>>c;
读入 int 变量 n	cin>>n;
读入 float 变量 fv	cin>>fv;
读入 double 变量 dv	cin>>dv;
读入字符串变量 str	cin>>str;

cout 和 cin 其实是用“流”(stream)的方式实现的，可以将输入与输出看作一连串的数据流，输入即可视为从文件或键盘中输入程序中的一串数据流，而输出则可以视为从程序中输出一连串的数据流到显示屏或文件中，cin 和 cout 就是这个数据流的内置对象，可以直接拿来使用，它们的语法格式如下：

cout<<表达式 1<<表达式 2<<……<<表达式 n;

cin>>变量 1>>变量 2>>……>>变量 n;

实例代码:

```
main(){
  int a,b;
  double c,d;
  cin>>a>>b;
  c=(a+b)/2.0
  d=sqrt(a*a+b*b);
  cout<<c<<"\n"<<d;
}
```

使用 cout 进行输出时需要紧跟“<<”运算符，使用 cin 进行输入时需要紧跟“>>”运算符，这两个运算符可以自行分析所处理的数据类型，因此无须像使用 scanf 和 printf 那样给出格式控制字符串。

尽管 cin 和 cout 不是 C++本身提供的语句，但是在不致混淆的情况下，为了叙述方便，常常把由 cin 和流提取运算符“>>”实现输入的语句称为输入语句或 cin 语句，把由 cout 和流插入运算符“<<”实现输出的语句称为输出语句或 cout 语句，在使用 cin 和 cout 时需要包含头文件“iostream”，此外在有些编译器中还需要在 cin 和 cout 前面加命名空间符“std::”，形如“std::cin”和“std::cout”，或在程序文件中加“using namespace std”，否则编译器会报错。

cin 和 cout 的用法非常强大灵活，在以后的 C++编程中，推荐使用 cin 和 cout，它们比 C 语言中的 scanf 和 printf 更加方便易用。

cin 和 cout 用法举例:

```
main(){
  char a;
  short b;
  int c;
  float d;
  double e;
  cin>>a>>b>>c>>d>>e;
  cout<<a<<"\n"<<b<<"\n"<<c<<"\n"<<d <<"\n"<<e;
}
```

例子程序的功能是分别输入 char、short、int、float 和 double 类型数据到各自的变量，然后分别输出。例子程序展示了 cin 和 cout 对输入和输出各种数据都是兼容的，即用同一个格式可以输入输出不同类型的数据。

在标准 C 语言中，我们更喜欢使用 scanf 和 printf 来对数据进行格式化输入输出操作，scanf 和 printf 的用法非常灵活，在输入输出的格式上有很多控制方法，下面详细介绍。

1. printf 函数

printf 是 print format 的缩写，意思是格式化输出，也就是将数据显示到屏幕上，在输出格式上有很多控制方法，它的函数原型为：

int printf(const char * format, …);

这个函数与其他库函数不同的是，它的参数是一个“可变参数函数”(即函数参数的个数是可变的)。确切地说，是其参数的个数是可变的，且每一个输出参数的输出格式都有格式说明符与之对应，格式串(format)的左端第 1 个格式说明符对应第 1 个输出参数，第 2 个格式说明符对应第 2 个输出参数，第 3 个格式说明符对应第 3 个输出参数，依此类推。其中，格式说明符的一般形式如下(方括号[ ]中的项为可选项)：

“%[标识符][宽度][.精度][长度]类型符”

(1)类型符，它用来表示输出数据的类型，如表 3-12 所示。

表 3-12　**格式输出类型符及其说明**

符号	类型	说明	示例	结果
%	无	输出字符“%”本身	printf("%%");	%
d、i	int	以整型输出	printf("%i,%d", 100, 100);	100, 100
u	unsigned int	以无符号整型输出	printf("%u,%u", 100, 100);	100, 100
o	unsigned int	以八进制无符号整型输出	printf("%o", 100);	144
x	unsigned int	以十六进制小写输出	printf("%x", 11);	b
X	unsigned int	以十六进制大写输出	printf("%X", 11);	B

(2)标识符，它用于规定输出格式，详细说明如表 3-13 所示。

表 3-13　**格式输出标识符及其说明**

符号	说　明
(空白)	右对齐，左边填充 0 和空格
(空格)	输出值为正时加上空格，为负时加上负号
-	输出结果为左对齐(默认为右对齐)，按照输出宽度，右边不足部分用空格补齐
+	在数字前增加符号“+”(正号)或“-”(负号)
#	类型符是 o、x、X 时，增加前缀 0、0x、0X；类型符是 e、E、f、F、g、G 时，一定要使用小数点；类型符是 g、G 时，尾部的 0 不会保留

(3)宽度，用于控制显示数值的宽度，详细说明如表 3-14 所示。

表 3-14　　格式输出宽度及其说明

符号	说　　明
n	至少输出 n 个字符(n 是一个正整数)。如果输出值少于 n 个字符，则用空格填满余下的位置(如果标识符为“-”，则在右侧填，否则在左侧填)
0n	至少输出 n 个字符(n 是一个正整数)。如果输出宽度少于 n 个字符，则在左侧用 0 补满
*	输出字符个数由下一个输出参数(必须为一个整型量)指定

(4)精度，用于控制显示数值的精度。如果输出的是数字，则表示小数的位数；如果输出的是字符，则表示输出字符的个数；若实际位数大于所定义的精度数，则截去超过的部分，详细说明如表 3-15 所示。

表 3-15　　格式输出精度及其说明

符号	说　　明
无	系统默认精度
.0	对于 d、i、o、u、x、X 等整型类型符，采用系统默认精度；对于 f、F、e、E 等浮点类型符，不输出小数部分
.n	(1)对于 d、i、o、u、x、X 等类型符，至少输出 n 位数字，且：如果对应的输出数少于 n 位数字，则在其左端用零填充；如果对应的输出数多于 n 位数字，输出时不将其截断； (2)对于 f、F、e、E 类型符，输出结果保留 n 位小数。如果小数部分多于 n 位，则对其四舍五入； (3)对于 g 和 G 类型符，最多输出 n 位有效数字； (4)对于 s 类型符，如果对应的输出串的长度不超过 n 个字符，则将其原样输出，否则输出其前 n 个字符
*	输出精度由下一个输出参数(必须为一个整型量)指定

(5)长度，用于控制显示数值的长度，详细说明如表 3-16 所示。

表 3-16　　格式输出长度及其说明

符号	说　　明
hh	与 d、i 一起使用，表示一个 signed char 类型的值；与 o、u、x、X 一起使用，表示一个 unsigned char 类型的值；与 n 一起使用，表示相应的变元是指向 signed char 型变量的指针
h	与 d、i、o、u、x、X 或 n 一起使用，表示一个 short int 或 unsigned short int 类型的值
l	与 d、i、o、u、x、X 或 n 一起使用，表示一个 long int 或者 unsigned long int 类型的值

续表

符号	说 明
ll	与 d、i、o、u、x、X 或 n 一起使用，表示相应的变元是 long long int 或 unsigned long long int 类型的值
j	与 d、i、o、u、x、X 或 n 一起使用，表示匹配的变元是 intmax_t 或 uintmax_t 类型，这些类型在“stdint. h”中声明
z	与 d、i、o、u、x、X 或 n 一起使用，表示匹配的变元是指向 size_t 类型对象的指针，该类型在“stddef. h”中声明
t	与 d、i、o、u、x、X 或 n 一起使用，表示匹配的变元是指向 ptrdiff_t 类型对象的指针，该类型在“stddef. h”中声明
L	与 a、A、e、E、f、F、g、G 一起使用，表示一个 long double 类型的值

在输出时，每一个输出参数的输出格式都必须有格式说明符与之一一对应，并且类型必须匹配。若二者不匹配，编译时可能不会报错，但输出结果不正确。同时，若格式说明符个数少于输出项个数，则多余的输出项将不予处理；若格式说明符个数多于输出项个数，则可能会输出一些毫无意义的数字乱码。

printf 用法举例：

```
void main(){
int i=1,b=1000;
double pi=3.14159265;
float g=9.8;
fprintf("%.4d %d %.5lf %f\n",i,b,pi,g);
}
```

输出结果为：0001 1000 3. 14159 9. 800000

说明：“%. 4d”含义是将整数按 4 位数输出，不足 4 位在前面补 0，所以值为 1 的变量 i 就输出了 0001；

“%d”含义是直接输出整数，所以值为 1000 的变量 b 就直接输出 1000；

“%. 5lf”含义是将浮点数保留 5 位小数输出，所以值为 3. 14159265 的变量 pi 就输出了 3 14159，包含 5 位小数。

“%f” 含义是直接输出浮点数，默认保留 6 位小数，所以值为 9. 8 的变量 g 就输出了 9. 800000，包含 6 位小数。

2. scanf 函数

scanf 是 scan format 的缩写，意思是格式化输入，也就是从键盘获得用户输入，和 printf 的功能正好相反，相对于 printf，scanf 就简单得多。scanf 函数从格式串的最左端开始，每遇到一个字符便将其与下一个输入字符进行“匹配”，如果二者匹配(相同)则继续输入，否则结束输入。每遇到一个格式说明符，便按该格式说明符所描述的格式对其后的输入值进行转换，然后将其存于对应的输入地址中，依此类推，直到格式串结束为止，它的函数原型如下：

```
int scanf(const char *format, ...);
```

从函数原型可以看出，同 printf 函数相似，scanf 函数也是一个“可变参数函数”。同时，scanf 函数的第一个参数 format 也必须是一个格式化串。除此格式化串之外，scanf 函数还可以有若干个输入地址，且对于每一个输入地址，在格式串中都必须有一个格式说明符与之一一对应。即格式串的左端起第 1 个格式说明符对应第 1 个输入地址，第 2 个格式说明符对应第 2 个输入地址，第 3 个格式说明符对应第 3 个输入地址，依此类推。除第 1 个格式化串参数之外，其他参数的个数是可变的，且每一个输入地址必须指向一个合法的存储空间，以便能正确地接受相应的输入值。每个输入值的转换格式都由格式说明符决定。格式说明符的一般形式如下(方括号 [ ]中的项为可选项)：

“%[*][宽度][长度]类型符”

在使用 scanf 函数的时候，需要特别注意的就是缓冲区问题。对 scanf 函数来说，最容易出错、最令人捉摸不透的问题应该是缓冲区问题。下面先来看一段代码：

```
int main(void){
  char c[5];
  int i=0;
  printf("输入数据(hello):\n");
  for(i=0;i<5;++i){
    scanf("%c",&c[i]);
  }
  printf("输出数据:\n");
  printf("%s\n", c);
  return 0;
}
```

对于上面这段示例代码，我们希望在“c[5]”字符数组中存储“hello”字符串，并在最后输出到屏幕上。从表面上看，这段程序没有任何问题，但实际情况并非如此。当我们依次输入“h(回车)”“e(回车)”，然后再输入“l”时，程序不仅会中断输入操作，而且会打印出字符数组 c 中的内容，结果为：

```
输入数据(hello)：
h
e
l
输出数据：
h
e
l
```

很显然，字符数组“c[5]”是完全能够存储“hello”字符串的，但为什么输入到“l”就结束了呢？其实原因很简单，在我们输入“h”和第 1 个回车符后，“h”和这个回车符“ \n”都保留在缓冲区中。第 1 个 scanf 读取了“h”，但是输入缓冲区里面还留有一个“ \n”，于是第 2 个 scanf 读取这个“ \n”，然后输入“e”和第 2 个回车符“ \n”。同理，第 3 个 scanf 读取了“e”，第 4 个 scanf 读取了第 2 个回车符“ \n”，第 5 个 scanf 读取了“l”。因此，程序并没有提前结束，而是完整地循环了 5 次 scanf 语句，只不过有两次 scanf 都读取到回车符“ \n”而已。可见，在使用 scanf 函数时，如果不考虑输入缓冲区，有时会出现莫名其妙的错误。

除此之外，还应该注意 scanf 中的空白符(这里所指的空白符包括空格、制表符、换行符、回车符和换页符)带来的问题，例如“scanf("%d \n" , &a) ;”语句中“%d”后面多了一个“ \n”，那么 scanf 会跳过“ \n”去读下一个字符，这样输入数据时必须输入两个以上数据，程序才会继续运行下一句。总之，使用 scanf 语句时要特别注意输入格式的控制。

在诸如 Windows 的图形界面系统中，输入输出方法变得非常多样，不再是简单的函数，而是通过较为复杂的类来完成。例如对话框类、窗口类、鼠标操作类、视频操作类、声音操作类等。通过图形化输入输出的方式，我们将在以后的 Windows 程序设计中进行详细讲解。

3.5　习题

1. 什么是标识符？有哪些需要注意的？

2. 什么是关键字？试列举 10 个关键字。

3. C 和 C++的基本数据类型有哪些？试列举 3 种。

4. 变量有什么用？常量是什么？它们有什么区别？试举例说明。

5. 数据类型 int，char，bool，float，double，int * 各占多少字节空间？

6. 什么是算术运算？什么是关系运算？什么是逻辑运算？

7. C 语言中如何表示“真”和“假”？系统如何判断变量的“真”和“假”？

8. 任何一个 C 程序至少且只能包含一个__________函数，且程序总是从这个函数开始执行，不论这个函数的位置如何。

9. 一条简单语句是以__________字符作为结束符的，一条复合语句分别是以__________字符和__________字符作为开始符和结束符的。

10. 写出下面各逻辑表达式的值。设 a=3，b=4，c=5。

(1) a+b>c&&b==c

(2) a || b+c&&b-c

(3) ! (a>b)&&! c || 1

(4) ! (x=a)&&(y=b)&&0

(5) ! (a+b)+c-1&&b+c/2

11. 表达式 a=7 与 a==7 的区别是什么？哪个才是逻辑运算？

12. 假定 x 是一个逻辑量，则 x&&true 的值与__________的值相同，x || false 的值也与__________的值相同。

13. 若 x=5，y=10，则计算 y *=++x；表达式后，x 和 y 的值分别为__________和__________。

14. 若 x=25，则计算 y=x--；表达式后，x 和 y 的值分别为__________和__________。

15. 若 x=25，y=3，则计算 z=x=y=2；表达式后，x、y、z 的值分别为__________、__________和__________。

16. C 语言的基本输出的函数是__________，输入的函数是__________。

17. cout 与操作符__________配合使用才能实现输出，cin 与操作符__________配合使用才能实现输入。

18. 编程：从键盘输入圆的半径 r，计算并输出圆的周长和面积。

19. 已知一元二次方程 $ax^2+bx+c=0$，编一个程序实现从键盘输入 a、b、c 的值后，计算 x 的值。

第 4 章　流程控制语句

本章将讲述 C 语言的流程控制语句，包括选择结构和循环结构。

4.1　选择结构

C 语言的语句是顺序执行的，也就是先执行第一条语句，然后是第二条、第三条……一直到最后一条语句，这称为顺序结构。但是很多情况下，顺序结构的代码远远不够，比如一个物品限制只能由成年人使用，儿童因为年龄不够，没有权限使用。这时候程序就需要做出判断，看用户是不是成年人，并给出提示。在 C 和 C++中，使用选择结构实现有条件地执行分支语句，主要包括 if else 语句和 switch case 语句。

4.1.1　if else 语句

if 和 else 是两个关键字，if 意为“如果”，else 意为“否则”，用来对条件进行判断，并根据判断结果执行不同的语句，其语法格式如下：

```
if (判断条件){
    语句块 1
}else{
    语句块 2
}
```

实例代码：

```
void main{
    int a,b;
    cin>>a>>b;
    if ( a>b ){
        cout<<a;
    }else{
        cout<<b;
    }
}
```

if else 语句表达的意思是：如果判断条件成立，那么执行语句块 1，否则执行语句块 2，其执行过程可用图 4-1 表示。

由于 if else 语句可以根据不同的情况执行不同的代码，所以也叫分支结构或选择结构。有的时候，我们需要在满足某种条件时进行一些操作，而不满足条件时就不进行任何操作，这个时候我们可以只使用 if 语句而省略 else 部分。其执行过程流程图如图 4-2 所示。

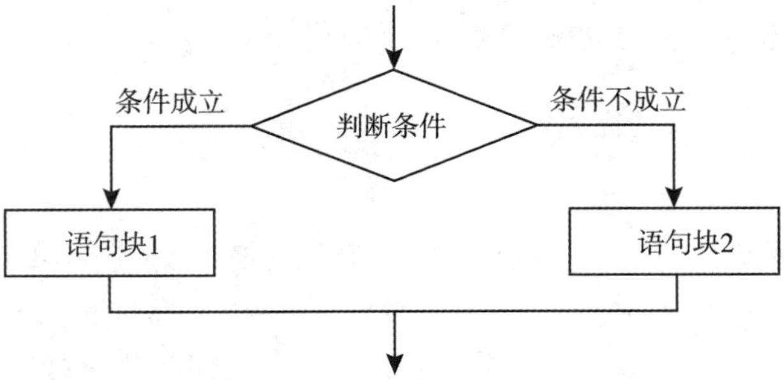

图 4-1　if else 语言的执行过程

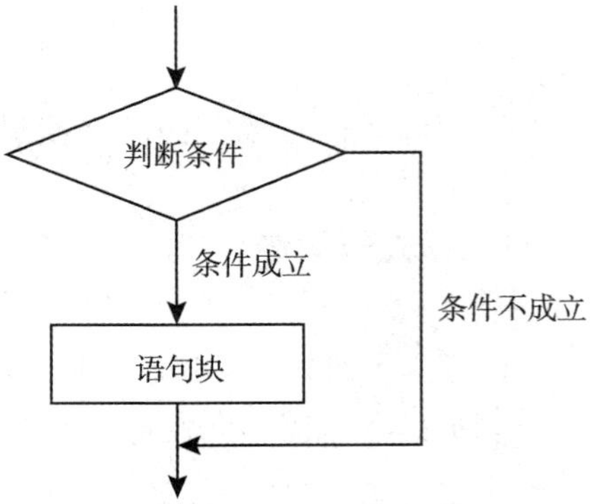

图 4-2　省略 else 的 if 语句执行过程

if else 语句也可以多个同时使用，构成多个分支，形式如下：

```
if(判断条件 1){
    语句块 1
}else if(判断条件 2){
    语句块 2
}else if(判断条件 3){
    语句块 3
}else if(判断条件 m){
    语句块 m
}else{
    语句块 n
}
```

这些语句所描述的意思是从上到下依次检测判断条件，当某个判断条件成立时，则执行其对应的语句块，然后跳到整个 if else 语句之外继续执行其他代码。如果所有判断条件都不成立，则执行语句块 n，然后继续执行后续代码。

if else 应用举例：

```
void main(){
  int n,abs;
  cout<<"请输入一个整数:";
  cin>>n;
  if(n>0)
```

```
        abs=n;
    else
        abs=-n;
    cout<<n<<"的绝对值是"<<abs;
}
```

例子程序的功能是输入一个整数，然后输出其绝对值。

4.1.2 switch case 语句

C 和 C++虽然没有限制 if else 处理的分支数量，但当分支过多时，用 if else 处理会不太方便，而且容易出现 if else 配对出错的情况。为此，C 和 C++提供了用 switch case 语句代替，其语法格式如下：

```
switch(表达式){
  case 整型数值 1:{
        语句块 1
     }
     break;
  case 整型数值 2:{
        语句块 2
     }
     break;
  ……
  case 整型数值 n:{
        语句块 n
     }
     break;
  default:{
        语句块 n+1
     }
     break
  }
```

实例代码：

```
main(){
int day;
cin>>day;
switch(day%7){
  case 0:
  cout<<"Sunday\n";
```

```
    break;
    case 1:
    cout<<" Monday \n";
    break;
    case 2:
    cout<<"Tuesday \n";
    break;
    case 3:
    cout<<"Wednesday \n";
    break;
    case 4:
    cout<<" Thursday \n";
    break;
    case 5:
    cout<<" Friday \n";
    break;
    case 6:
    cout<<" Saturday \n";
    break;
}
```

它的执行过程是：

(1) 首先计算“表达式”的值，假设为 m。

(2) 从第一个 case 开始，比较“整型数值 1”和 m，如果它们相等，就执行冒号后面的语句块，直到碰到 break；

(3) 如果“整型数值 1”和 m 不相等，就跳过冒号后面的“语句 1”，继续比较第二个 case、第三个 case……一旦发现和某个整型数值相等，就会执行后面的语句块。

(4) 如果直到最后一个“整型数值 n”都没有找到相等的值，那么就执行 default 后面的“语句块 n+1”。

其中 break 是 C 和 C++中的一个关键字，专门用于跳出 switch 语句。所谓跳出是指一旦遇到 break，就不再执行 switch 中的任何语句，包括当前分支中的语句和其他分支中的语句；也就是说，整个 switch 执行结束了，接着会执行整个 switch 后面的代码。

需要说明的三点是：

(1) case 后面必须是一个整数，或者是结果为整数的表达式，不能包含任何变量。

(2) default 不是必需的，当没有 default 时，若所有 case 都匹配失败，那么就什么都不执行。

(3) case 后面如果没有 break 语句，则直接执行写在下面的语句(即下一个 case 里面的内容)，而不会自动跳出 case，这一点一定要注意。

switch 应用举例：

```
void main(){
  int month;
  cout<<"请输入月份";
  cin>>month;
  cont>>"你输入月份的英文为:";
  switch(month){
    case 1: cout<<"January";break;
    case 2: cout<<" February";break;
    case 3: cout<<" March";break;
    case 4: cout<<" April";break;
    case 5: cout<<" May";break;
    case 6: cout<<" June";break;
    case 7: cout<<" July";break;
    case 8: cout<<" August";break;
    case 9: cout<<" September";break;
    case 10: cout<<" October";break;
    case 11: cout<<" November";break;
    case 12: cout<<" December";break;
    default: cout<<"输入错误,月份只能取值1-12.";break;
  }
}
```

例子程序的功能是输入一个月份数，输出其对应的英文。

4.2 循环结构

在程序设计中，有一类问题非常特别，需要执行很多遍相同的计算，例如我们需要将 1 到 1000 的所有整数分别求倒数并求和，最简单直观的办法是定义 1000 个变量，然后写一个将它们加到一起的公式，最后输出结果。这个方法显然是不合理的。那 C 和 C++怎么解决这类问题呢？循环语句就是为了解决这类问题而设计的。循环语句有三种标准的语法格式，分别称为 while 循环、do while 循环和 for 循环，此外还有循环控制语句 break 和 continue。

4.2.1 while 循环语句

while 循环的功能是多次执行同一块代码，例如，要计算 1+2+3+…+99+100 的值，需要重复进行 99 次加法运算，其语法格式如下：

while(表达式){

语句块

```
}
```

实例代码：

```
main(){
  int i,sum=0;
  i=1;
  while(i<=100){
    sum = sum + i;
    i++;
  }
  cout<<sum;
}
```

运行结果：5050

while 循环的计算过程是，先计算“表达式”的值，当值为真(非 0)时，执行“语句块”；执行完“语句块”后重新回到 while 循环的第一句，再次计算“表达式”的值，如果还为真，继续执行“语句块”……这个过程会一直重复，直到表达式的值为假(0)，就结束循环，执行 while 后面的代码。

通常将“表达式”称为循环条件，把“语句块”称为循环体，整个循环的过程就是不停判断循环条件并执行循环体代码的过程。

while 循环的整体思路是这样的：设置一个带有变量的循环条件，也即一个带有变量的表达式(设置的这个变量也被称为循环变量)，在循环体中有一条语句能够改变循环变量的值。这样，随着循环的不断执行，循环变量的值也会不断变化，直到循环条件不再成立，整个循环才结束。

如果循环条件中不包含变量，会发生什么情况呢?

如果循环条件恒成立，while 循环会一直执行下去，永不结束，成为“死循环”；如果循环条件一开始就不成立，while 循环就一次也不会执行，成为无用代码。

while 循环应用举例：

```
void main(){
  char c;
  cin>>c;
  while( c! ='q' ){
      cin>>c;
  }
}
```

例子程序的功能是循环读入一个输入的字符，直到输入了'q'，程序才结束。

4.2.2　do while 循环语句

do while 循环与 while 循环的作用是一样的，就是执行同一块代码很多次，其语法格式如下：

do{

语句块

}while(表达式)；

实例代码：

```
main(){
  int i,sum=0;
  i=1;
  do{
    sum = sum + i;
    i++;
  }while(i<=100);
  cout<<sum;
}
```

运行结果：5050

do while 循环与 while 循环的不同在于：它会先执行“语句块”，然后再判断表达式是否为真，如果为真则继续循环；如果为假，则终止循环。因此 do while 循环至少要执行一次“语句块”。注意：“while(表达式);”最后的分号千万不能省略。

do while 应用举例：

```
void main(){
  int n;
  do{
  cout<<"请输入一个整数:";
  cin>>n;
  }while( (n%3)= =0 );
  cout<<"输入的是 3 的倍数。";
}
```

例子程序的功能是循环读入输入数，直到输入了 3 的倍数，程序才结束。

4.2.3　for 循环语句

for 循环与 do while、while 循环的作用是一样的，就是执行同一块代码很多次，不过它的使用更加灵活，完全可以取代 do while、while 循环，是 C 和 C++中最受欢迎的循环语句，其语法格式如下：

for(表达式 1；表达式 2；表达式 3){

语句块

}

实例代码：

```
main(){
  int i,sum=0;
  for(i=1;i<=100;i++){
     sum = sum + i;
  }
  cout<<sum;
}
```

运行结果：5050

for 循环的运行过程为：

(1)先执行“表达式 1”。

(2)再执行“表达式 2”，如果它的值为真(非 0)，则执行循环体，否则结束循环。

(3)执行完循环体后再执行“表达式 3”。

(4)重复执行步骤(2)和(3)，直到“表达式 2”的值为假，就结束循环。

其中(2)和(3)是循环体，会重复执行，for 语句的主要作用就是不断执行步骤(2)和(3)。“表达式 1”仅在第一次循环时执行，以后都不会再执行，可以认为这是一个初始化语句。“表达式 2”是 for 循环的循环条件，一般是一个关系表达式，决定了是否还要继续下次循环。“表达式 3”很多情况下是一个带有自增或自减操作的表达式，以使循环条件逐渐变得“不成立”。for 循环语句的执行流程如图 4-3 所示。

需要注意的是，for 循环的括号中有三个表达式“表达式 1(初始化条件)”“表达式 2(循环条件)”和“表达式 3(自增或自减)”，每个表达式都可以省略，但是表达式后的“;”不能省略。最简单的 for 循环是 for(;;){}，显然这是个死循环。

注意：for 循环的“表达式 2(循环条件)”必须是一个标准逻辑表达式，即一个可以计算出结果的表达式。例如语句 for(i=0，j=0；i<5，j<8；i++，j++)就不能正常执行，因为“表达式 2(循环条件)”被写为“i<5，j<8”，中间用的是逗号(,)，这个表达式在语法编译中不提示出错，但是却不能表达“与”还是“或”的意思。

无论是 for 循环还是 while 循环和 do while 循环，程序进入循环体后就开始一直重复循环体，直到循环条件不成立。那中途有没有办法中断循环呢？C 和 C++提供了两个循环控制语句 break 和 continue 来中断循环。

for 应用举例：

```
void main(){
    double fn;
    int n;
    cout<<"请输入一个正整数:";
    cin>>n;
    for( fn=1;n>=1;n-- ){
    fn *= n;
    }
```

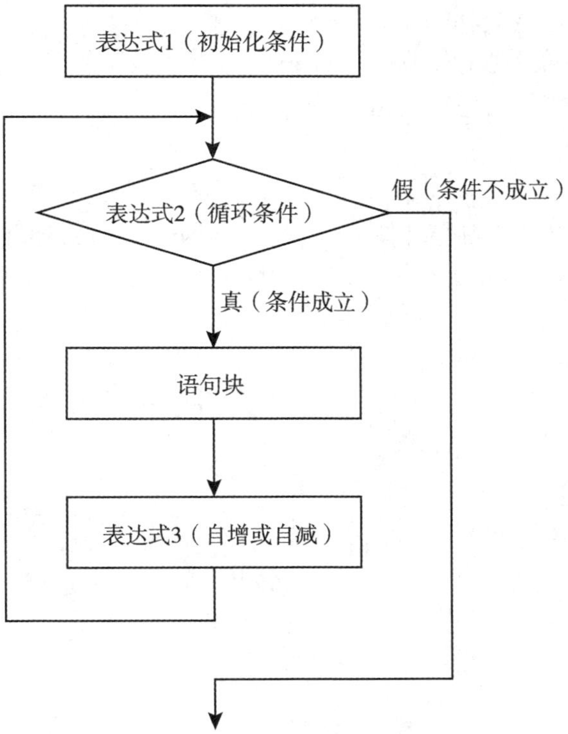

图 4-3 for 循环语句的执行流程

```
    cout<<"n 的阶乘为:"<<fn;
}
```

例子程序的功能是计算输入数 n 的阶乘(n!)。

4.2.4 break 语句

break 语句的功能是终止循环体，程序将执行紧接着循环体的下一条语句，其语法格式如下：

break;

实例代码：

```
main(){
  int i,sum=0;
  for( i=1;i<=100;i++ ){
     sum += i;
     if (sum>1000)break; //用 break 提前结束,跳出循环
  }
  cout<<"sum="<<sum<<" i="<<i;
```

```
}
```

运行结果：sum = 1035　　i = 45

这个实例实现的功能是：在累加过程中，如果累计和大于 1000 则提前结束循环，然后输出累计和与当前的循环变量 i 的值。

4.2.5　continue 语句

continue 语句的功能是控制循环体立刻停止本次循环，跳过循环体中 continue 语句后面的代码，重新开始下次循环迭代，注意不是中断循环，而是回到循环的开头重新开始下次循环，其语法格式如下：

```
continue;
```

实例代码：

```
main(){
  int i,sum=0;
  for( i=1;i<=100;i++ ){
      if ((i%10)==0)continue; //用 continue 回到开头,继续下一次循环
      sum += i;
  }
  cout<<"sum="<<sum<<" i="<<i;
}
```

运行结果：sum = 4500　　i = 101

这个实例实现的功能是：在累加过程中，如果遇到累计对象是 10 的倍数，则跳过这个数，最后输出累计和循环变量 i 的值。

4.3　习题

1. 在嵌套 if 语句中，每个 else 关键字与它前面最接近的__________关键字相配套。

2. switch 语句中，case 后面跟的是__________量。

3. 编程实现输入一个自然数，判断它是奇数还是偶数。

4. 编程从键盘输入两个整数分别赋给变量 a 和 b，要求在不借助于其他变量的条件下，实现将变量 a 和 b 的值交换。

5. 输入一个年份和月份，打印出该月份有多少天(考虑闰年)，用 switch 语句。

6. 输入任意三个数 num1、num2、num3，按从小到大的顺序排序输出。

7. 从键盘输入一个小于 1000 的正整数，要求输出它的平方根(如果平方根不是整数，则输出其整数部分)。要求在输入数据后先检查其是否为小于 1000 的正数。

8. 给出一个百分制成绩，要求输出成绩等级 A、B、C、D、E。90 分以上为 A，80~89 分为 B，70~79 分为 C，60~69 分为 D，60 分以下为 E。

9. 给出一个不多于 5 位数的正整数：

(1)求出它是几位数；

(2)分别输出每一位数字；

(3)按逆序输出各位数，例如原数为123，应输出321。

10. 输入4个整数，然后按从小到大的顺序输出。

11. 输入3个数，判断对应长度的三条直线能否构成三角形。

12. 输入3对x，y数，构成三角形三个顶点坐标，然后再任意输入一对数(x，y)，判断其是否在三角形内。

13. 在for语句中，假定循环体被执行次数为n，则<表达式1>共被计算__________次，<表达式2>共被计算__________次，<表达式3>共被计算__________次。

14. 执行for和while循环时，每次是先进行________________判断，然后再执行____________，执行do循环时则相反。

15. 找出1~999中能被3整除，且至少有一位数字是5的所有整数。

16. 编程计算2+4+6+…+98+100的值。

17. 写出以下程序的运行结果。

```
(1)void main (){
    int  num =1;
    while  (num<=2 );
    printf("% d \n", ++num)
  }
(2)main (){
    int  i =1;
    while (i<5 )
    if (++i% 3! =2 ) continue;
    else printf ("% d \n", i)
  }
(3)main(){
    int  i, x,y;
    i =x =y =0;
    do {
      ++i;
      if (i% 2! =0 ) {x =x+i; i++ }
      y =y+i++;
    }while (i<=7 );
    printf ("x =% d,y =% d \n ", x, y);
  }
```

18. 编程输出1000以内的全部完数。所谓完数，是指该数恰好等于它的全部真因子的和，如6=1+2+3。

19. 从键盘输入一个正整数，编程判断其是否为素数(质数)。

20. 从键盘输入 100 个整数，求其中正整数的和。

21. 从键盘输入 1000 名学生某门课程的百分制成绩，分别统计其中 80 分以上(即大于或等于 80)、60 分以上及低于 60 分的人数。

22. 某工地需要搬运砖块，已知男人每人每次搬 3 块，女人每人每次搬 2 块，小孩两人每次抬 1 块，现有 45 人一次正好搬完 45 块砖，请问男人、女人、小孩各几人?

23. 从键盘输入两个正整数到 m、n 中，求它们的最大公约数和最小公倍数。

24. 打印所有“水仙花数”。所谓“水仙花数”是指一个三位数，其各位数字的立方和等于该数自身，如 153。

25. 输出 200 到 300 之间满足如下条件的数，即各位数字之和为 12，数字之积为 56。

26. 求∑n！(即求 1！+2！+3！+4！+…+n!)

27. 有分数序列 1/2，1/4，1/8，…求出这个数列前 20 项之和。

第 5 章　数组与字符串

通过变量的学习，我们已经知道需要定义变量来实现对数据的操作，但一个变量只能保存一份数据。如果想表示一个班所有学生的 C 语言成绩，是否需要给每个学生的成绩定义一个变量？比如：

float zhangC，liC，wangC，duC，等等。

毫无疑问，这是可以的，但假如需要全校、全省、全国、全世界大学生的成绩，这样做就不现实了。为此 C 和 C++语言提供了一个新的语法来实现这种由多个同类型的数据组成的变量，那就是数组(array)。

5.1　一维数组

定义一维数组的语法为：

<数据类型> <数组变量名>[数组元素总个数]；

实例代码：

```
int a[4];
float c[100];
char s[256];
```

数组的每一个数据叫作数组元素(element)，数组中的每一个元素都属于同一个数据类型，数组所包含数据的个数称为数组长度(length)，在内存中占有一段连续的存储空间。例如 int a[4]就是定义了一个长度为 4 的整型数组，数组变量名字是 a。

数组的中括号“[ ]”有两层含义：

(1)在定义数组时，中括号“[ ]”是用来定义数组长度的，也就是数组元素个数，数组代表的变量个数，此时的中括号“[ ]”里面只能给一个常整数，也就是一个确定的数字，如 100、200、50 等，**不能是任何变量。**

(2)在使用数组时，中括号“[ ]”是用来确认用第几个元素的，此时中括号“[ ]”称为下标运算符。下标运算符内的数字表示指向数组中的第几个元素。**使用数组时，不能将其当作整体一起用，必须指明具体元素**。例如：我们想给数组的第一个变量赋值，就必须用“数组名[0]”来指示这个变量(数组是从 0 起算的，所以第一个下标就是[0])。使用数组时，下标运算符“[ ]”中可以使用常数、变量、表达式，只要能算出一个整数值即可以。

总结一下，数组的功能是可以定义很多个相同类型的变量。使用数组时，必须一个一个地使用数组元素，不能将数组当成整体来使用。每个元素通过下标运算符“[ ]”来区分，下标运算符的序号是从 0 开始的，而不是从 1 开始。使用数组元素的语法格式如下：

<数组变量名>[序号]

例如，a[0]表示第 1 个元素，a[1]表示第 2 个元素，等等。

在以后的学习中，我们经常会使用循环语句将数据放入数组中(也就是给数组元素逐个赋值)，然后再使用循环语句操作数组(也就是依次处理数组元素)。

C 和 C++ 中可以逐个初始化数组，也可以使用一个初始化语句，如下所示：

```
doubl earr[5]={1000.0,2.0,3.4,7.0,50.0};
```

注意：大括号“{}”内的元素个数不能大于我们在数组声明时方括号“[]”中指定的元素数目。

在有赋值列表的声明语句中可以省略数组长度值，如：

```
doubl earr[]={1000.0,2.0,3.4,7.0,50.0};
```

此时编译器会自动数出“{}”中的元素个数，然后给数组定义长度，不过我们强烈建议编程人员不要依赖编译器，最好自己填入长度，这样一眼就可以看到数组长度，便于后续代码的编写，也便于发现隐藏的问题。

一维数组的使用举例：

```
void main(){
    int ar[10];
    int i,j,t;
    cout<<"请输入10个整数给数组:";
    for( i=0;i<10;i++ ){
      cin>> ar[i];
    }
    for( i=0;i<10;i++ ){ //从大到小排序
      for(j=i+1;j<10;j++ ){
        if (ar [i]< ar [j]{ t= ar [i];pI[i]= ar [j]; ar [j]=t;}
      }
    }
    cout<<"输入数组从大到小排列为:";
    for( i=0;i<10;i++ ){
      cout>> ar[i]<< "\n";
    }
}
```

例子程序功能：先输入 10 个数给数组，然后从大到小排序，最后输出结果。

数组学习中一定要牢记：数组长度必须用确定的整数，例如 10，256，1000 等，绝对不能定义变量作为数组长度。如果开始不清楚长度，就应该定义一个比较大的数组，这样会浪费一些空间。下面的代码是错误的。

```
void main(){
    int n;
    cin>>n;
```

```
int ar[n]; //这样写是错误的！因为这里的n不是一个确定的整数
…
```

如果要按实际长度定义变长的数组，则要用到后面要学习的指针的动态分配内存。

5.2 二维数组

数组可以看作一行连续的数据，只有一个下标，称为一维数组。在实际问题中有很多数据是二维的或多维的，因此 C 和 C++允许构造多维数组。多维数组元素有多个下标，以确定它在数组中的位置。本节只介绍二维数组，多维数组可由二维数组类推。

二维数组的定义：

<数据类型> <数组变量名>[数组元素个数 1][数组元素个数 2]；

我们可以将二维数组看作一个 Excel 表格或矩阵，有行有列。数组元素个数 1 表示行数，数组元素个数 2 表示列数，数组的所有元素总数是两数相乘的积。例如，定义了一个 3 行 4 列的二维数组，其中共有 3×4=12 个元素；要在二维数组中定位某个元素，必须同时指明行号和列号，注意：行和列都是从 0 开始编号。

例如，定义一个数组：

```
int a[3][4];
```

a 就是数组名。所有元素如下：

a[0][0], a[0][1], a[0][2], a[0][3]

a[1][0], a[1][1], a[1][2], a[1][3]

a[2][0], a[2][1], a[2][2], a[2][3]

可以将二维数组看成一个平面坐标系，有 x 轴和 y 轴，要想在一个平面中确定一个点，必须同时知道 x 和 y 的值。二维数组在概念上是二维的，但在内存中是连续存放的；换句话说，二维数组的各个元素是相互挨着的，彼此之间没有空隙。二维数组是按行排列的，也就是先存放 a[0]行，再存放 a[1]行，最后存放 a[2]行；每行中的各个元素也是依次存放的。可以这样认为，二维数组是由多个长度相同的一维数组构成的。要访问二维数组中的某个元素，必须同时指明行号和列号，因此要遍历每个元素就必须同时用两个循环，一个是行循环，一个是列循环。

实例：定义一个 2＊3 的数组，输入数组元素的值，然后统计所有元素的和以及元素的方差(方差=元素与平均值之差的平方和/元素个数)。

```
void main(){
  float a[2][3],sum,ms;
  int i,j;
  for(i=0;i<2;i++){
    for(j=0;j<3;j++){
      cin>>a[i][j];
    }
```

```
    }
    sum = 0;
    for(i=0;i<2;i++){
      for(j=0;j<3;j++){
        sum += a[i][j];
      }
    }
    ms = 0;
    for(i=0;i<2;i++){
      for(j=0;j<3;j++){
        ms = (a[i][j]-sum/6.0) * (a[i][j]-sum/6.0);
      }
    }
    ms = ms/6.0;
    cout<<"sum="<<sum<<" ms="<<ms;
}
```

程序运行结果如下：

输入：

1.2　1.3　1.4

1.5　1.1　1.6

输出：

sum=8.1　ms=0.0104167

二维数组的初始化(赋值)：二维数组的初始化可以按行分段赋值，也可以按行连续赋值。例如，对于数组 a[2][3]，按行分段赋值应该写作：

```
int a[2][3]={{80,75,92},{61,65,71}};
```

按行连续赋值应该写作：

```
int a[2][3]={80, 75, 92, 61, 65, 71};
```

这两种赋初值的结果是完全相同的。

对于二维数组的初始化要注意以下几点：

(1)可以只对部分元素赋值，未赋值元素的值与编译器相关，VS 编译器会自动取“零”值。例如：“int a[2][3] = {{1}, {2}};”是对每一行的第一列元素赋值，未赋值的元素的值为 0。赋值后各元素的值为：

1　0　0

2　0　0

再如：

```
int a[2][3] = {{0,1}, {2,0,2}};
```

赋值后各元素的值为：

0　1　0

2　0　2

(2)如果对全部元素赋值，那么第一维的长度可以不给出。

例如：int a[2][3] = {1, 2, 3, 4, 5, 6};

可以写为：int a[][3] = {1, 2, 3, 4, 5, 6};

(3)二维数组可以看作由一维数组嵌套而成的；如果一个数组的每个元素又是一个数组，那么它就是二维数组。可见，一个二维数组也可以分解为多个一维数组，C 和 C++允许这样分解。例如，二维数组 a[2][4]可以分解为两个一维数组，它们的数组名分别为 a[0]、a[1]。

二维数组使用举例：

```
void main(){
  float t,a[2][2];
  int i,j;
  for(i=0;i<2;i++){
    for( j=0;j<2;j++ ){
      printf("请输入 2*2 矩阵元素 a[%d][%d]:",i,j);
      cin>>a[i][j];
    }
  }
  t=a[0][1];
  a[0][1]=a[1][0];
  a[1][0]=t;
  cout<<"矩阵元素 a 的转置矩阵是:";
  for(i=0;i<2;i++){
    for( j=0;j<2;j++ ){
      cout<<a[i][j]<< "  ";
    }
    cout<<"\n";
  }
}
```

例子程序功能：输入 2*2 矩阵，输出其转置矩阵(行列对应值交换)。例如，输入：1　2　3　4，则输出：1　3　2　4。

总结：数组长度必须用确定的整数，例如 10，256，1000 等，绝对不能定义变量作为数组长度。如果开始不清楚长度，就应该定义一个比较大的数组，浪费一些空间。如果想要按实际长度定义变长的数组，则必须用到指针。

5.3　字符串

字符类型的一维数组称为字符数组，如果一个字符数组中最后一个元素存放的是

ASCII 值为 0 的字符(也就是数值为 0 的字符)，则这个数组被称为字符串。标准 C 语言中没有专门的字符串类型，而是用 0 结尾的字符数组来表示一个字符串。但在 C++中有字符串专用的 string 数据类型，string 其实是个模板类，封装了字符串的常用操作。字符串在存储上是字符数组，它每一位的单个元素都是可以提取和操作的，如 s[ ] = "abcdefghij"，则 s[0] = 'a'，s[1] = 'b'，s[9] = 'j'。

在标准 C 语言中没有专门的字符串类型，但程序中字符串使用的频率非常高，例如程序的所有提示信息都是通过字符串实现的。为此，标准 C 语言中通常将字符串作为整体使用。

C 语言提供了很多将字符串作为整体操作对象的函数，如：在串中查找某个子串、求取一个子串、在串的某个位置上插入一个子串或删除一个子串等。两个字符串相等的充要条件是：长度相等，并且各个对应位置上的字符都相等。设 p、q 是两个串，求 q 在 p 中首次出现的位置的运算叫作模式匹配。

将字符串作为整体操作时会出现常字符串这个概念，与普通常量数据类型一样，常字符串也是通过标识符表述实现的，常字符串的表示形式是：

"<一串字符>"

例如："Hello world"，"Please input data"，"程序出问题了"等。

除常字符串外，程序中也常常用到字符串"变量"，字符串"变量"其实就是字符数组，准确地讲是以数值 0 结尾的字符数组，在定义、使用过程中既可以作为普通字符数组使用，也可以作为整体字符串变量使用。

在使用字符串变量时，可以将常字符串直接赋值给字符数组，例如：

```
char str[30]= "Wuhan University";
```

为了方便，也可以不指定数组长度，从而写作：

```
char str[]= "Wuhan University";
```

注意：字符数组只有在定义时才能将整个字符串一次性地赋值，一旦定义完成，就只能一个字符一个字符地赋值了，例如如下代码：

```
char str[8];
str = "hello";  //错误写法,C 语言不支持这样赋值
str[0]='h';str[1]='e';str[2]='l';str[3]='l';str[4]='o';//正确
```

字符串是数值 0 结尾的字符数组。因此数值 0 是字符串结束的标志。要想在内存中定位一个字符串，除了要知道它的开头，还要找到字符串的结尾。字符串的开头就是它的变量名称(也就是字符数组名)，字符串的结尾就是数值 0 的字符，通常用转义字符'\0'来表示，因此'\0'也称为字符串结束符。'\0'是 ASCII 码表中的第 0 个字符，英文称为 NULL，中文称为空字符，该字符既不显示，也没有控制功能，输出该字符不会有任何效果，它在 C 语言中最重要的作用就是作为字符串结束标志。

用 C 和 C++的函数处理字符串时，会从前往后逐个扫描字符，一旦遇到'\0'，就认为到达了字符串的末尾，就作结束处理，因此'\0'至关重要。由""包括的字符串会自动在末尾添加'\0'。

例如，"hello"从表面看起来只包含了 5 个字符，其实不然，C 和 C++会在最后隐式地

添加一个'\0'，因此"hello"字符串会占用6个字符空间。需要注意的是，我们自己定义的字符数组，在逐个处理时，系统不会自动添加'\0'，此时的字符数组不是字符串，例如：

```
char str[]={'a','b','c'};
```

数组str的长度为3，不是4，最后没有'\0'，str不是字符串，不能当字符串用。**如果想让一个字符数组升级为字符串，必须手动在末尾添加'\0'。**

定义存储字符串的字符数组时，要为'\0'留个位置，也就是说，字符数组的长度至少要比字符串的长度大1，例如：

```
char str[4]= "abc";
```

"abc"看起来只有3个字符，但需要将str的长度定义为4，就是为了能够容纳最后的'\0'。如果将str的长度定义为3，它就无法容纳'\0'了。当字符串长度大于数组长度时，编译器并不会报错，甚至连警告都没有，这就为可能的错误埋下了伏笔，编程者要多多注意。

C和C++为字符串的输入输出提供了专门的格式化函数参数"%s"，输出函数printf的格式如下：

printf("%s"，<字符串变量或常量>)；

实际举例：

```
char str[32]= "hello world";
printf("% s",str );
printf("% s","Wuhan University \n");
printf("% s","C 与 C++编程基础 \n");
```

也可以直接使用cout进行输出，举例如下：

```
char str[32]= "hello world";
cout<<str;
cout<<"Wuhan University \n";
cout<<"C 与 C++编程基础 \n";
```

字符串输入函数scanf的格式如下：

scanf("%s"，<字符串变量>)；

注意：变量前没有取地址运算符&。

实际举例：

```
char str[32];
scanf("% s",str );
```

也可以直接使用cin，使用举例：

```
char str[32];
cin>>str;
```

在用scanf("%s")和cin输入字符串时，无法输入带空格的字符串，因为scanf遇到第一个空格就认为输入结束了。

如果想输入以回车为结束带有空格的一个完整字符串，可以使用gets函数(在高版本VS中为gets_s)，其使用方法为：

gets_s(<字符串变量>);// 标准 C 中为 gets(<字符串变量>);

实际举例：

```
char str[256];
gets_s(str);
```

注意：输入的字符串不能超过定义的字符串长度，如果超过了就会引起访问越界异常，程序会崩溃退出。

字符串使用举例：

```
void main(){
  char str[100];
  cout<<"请输入一个不带空格的字符串:"
  cin>>str;
  for(i=0;i<100;i++){
      if(str[i]==0) break; //判断字符串是否结束
  }
  cout<<"输入的字符串有:"<<i<<"个字符";
}
```

例子程序的功能是统计用 cin 输入的字符串包含的字符数。

```
void main(){
  char str[256];
  cout<<"请输入任意一个字符串:"
  gets_s(str);
  for(i=0;i<256;i++){
      if(str[i]==0) break; //判断字符串是否结束
  }
  cout<<"输入的字符串有:"<<i<<"个字符\n";
  cout<<"字符串的长度是:"<<i<<",占用的空间是:"<<i+1;
}
```

例子程序的功能是统计用 gets_s 输入的字符串的字符数、字符串长度和占用的内存空间。

```
void main(){
  char s1[80]="School of Remote Sensing ";
  char s2[80]="and Information Engineering";
  char str[256];
  int i,j;
  for(i=0;i<256;i++){
      if(s1[i]=='\0') break; //判断是否到字符串末尾了,一定要判断
      str[i]=s1[i];
  }
```

```
    for(j=0;j<256;j++,i++){
        if(s2[j]=='\0') break; //判断是否到字符串末尾了,一定要判断
        str[i]=s2[j];
    }
    str[i]='\0';//为字符数组添加字符串结束符,使数组变为字符串
    cout<<str;
}
```

例子程序的功能是将字符串 s1 和 s2 串起来，变为一个新的字符串。特别注意字符串结束标志的应用。

关于字符串和数组，这里总结一下： 字符串按理不应该属于数组，因为数组任何时候都不能整体使用，而字符串可以整体使用。但是，早期的 C 语言没有字符串类型，只能用字符数组代表字符串。初学者一定要注意：数组仅仅是多个变量写在一起了，必须一个一个用。无论是输入还是输出，用哪一个就直接写哪一个，例如 a[2]+b[3]。数组名称与[ ]在一起，代表用数组的第几个元素，此外注意编号从 0 开始。

5.4 字符串常用函数

字符串在 C 和 C++中的使用非常普遍，为了方便开发人员处理字符串，C 和 C++提供了很多字符串处理函数，下面分别对它们进行介绍。

1. strlen 获取字符串长度函数

unsigned int strlen(char *s);

函数参数：

s：要判断的字符串指针。

函数返回值：

返回 s 的长度，不包括结束符 NULL('\0')。

函数功能：

计算给定字符串的长度，不包括 NULL('\0')在内。

实例：

```
void main(void){
  char name[16] = "Rock";
  printf("len = %d\n", strlen(name));   //输出:len = 4
}
```

实例功能：计算字符串"Rock"的长度。

2. strcpy 字符串拷贝函数(相当于赋值操作)

char *strcpy(char *dest, const char *src);

函数参数：

dest：目标字符串空间，是一个字符数组。

src：已经存在的字符串。

函数返回值：

目标字符串的地址，与 dest 相同。

函数功能：

把从 src 地址开始且含有 NULL 结束符的字符串复制到以 dest 开始的地址空间，即将 src 字符串内容复制到 dest 字符串中，包括 NULL('\0')在内。特别注意：src 和 dest 所指内存区域不可以重叠，且 dest 必须有足够的空间来容纳 src 的字符串。

实例：

```
void main(void){
  char name[16]= "Rock";
  char newstr[32];
  printf("copy str: %s\n",strcpy(newstr,name));
}
```

实例功能：将 name 字符串内容复制到 newstr 并输出。

3. strncpy 字符串拷贝函数

char ＊strncpy(char ＊dest, char ＊src, int maxlen);

函数参数：

dest：目标字符串空间，是个字符数组。

src：已经存在的字符串。

maxlen：复制的字符串长度。

函数返回值：

目标字符串的地址，与 dest 相同。

函数功能：

复制字符串 src 中的内容(字符、数字、汉字……)到字符串 dest 中，复制多少由 maxlen 的值决定。如果 src 的前 n 个字符不含 NULL 字符，则结果不会以 NULL 字符结束。如果 n<src 的长度，只是将 src 的前 n 个字符复制到 dest 的前 n 个字符，不自动添加'\0'，也就是结果 dest 不包括'\0'，需要再手动添加一个'\0'。如果 src 的长度小于 n 个字符，则以 NULL 填充 dest 直到 n 个字符。src 和 dest 所指内存区域不可以重叠且 dest 必须有足够的空间来容纳 src 的字符长度+'\0'。

实例：

```
void main(void){
  char name[16]= "123456789";
  char newstr[32];
  strncpy(newstr,name,5);
  newstr[5]=0;
  printf("copy str: %s\n", newstr);
```

```
}
```

实例功能：将 name 字符串的前 5 个字符复制到 newstr 并输出。

4. strcat 字符串连接函数

char *strcat(char *dest, char *src);

函数参数：

dest：目标字符串，连接结果保存在这个字符串中。

src：被连接的字符串，不修改任何值。

函数返回值：

目标串的地址，与 dest 相同。

函数功能：

把 src 所指向的字符串(包括'\0')复制到 dest 所指向的字符串后面(删除 dest 原来末尾的'\0')。要保证 dest 足够长，以容纳被复制进来的 src。src 中原有的字符不变。

实例：

```
void main(void){
  char str1[16]=" world";
  char newstr[32]= "Hello";
  strcat(newstr,str1);
  printf("new str: % s \n", newstr);
}
```

实例功能：将 str1 字符串连接到 newstr 字符串后面，变为"Hello world"。

5. strcmp 字符串比较函数(相当于"=="操作)

int strcmp(const char *s1, const char *s2);

函数参数：

s1：参与比较的第一个字符串。

s2：参与比较的第二个字符串。

函数返回值：

当 s1<s2 时，返回负数；当 s1=s2 时，返回 0；当 s1>s2 时，返回正数。

函数功能：

两个字符串自左向右逐个字符相比(按 ASCII 值大小相比较)，直到出现不同的字符或遇到'\0'为止，字符串大小以第一个不同字符的大小来定。注意不是比较长度，长度长的不一定大。

实例：

```
void main(void){
  char str1[16]=" world";
  char newstr[32]= "Hello";
  printf("%d \n", strcmp(str1,newstr));
```

```
}
```
实例功能：比较字符串 str1 和字符串 newstr 的大小。

6. strncmp 字符串比较函数

int strncmp(const char ＊s1， const char ＊s2， size_t count)；

函数参数：

s1：参与比较的第一个字符串。

s2：参与比较的第二个字符串。

count：参与比较的字符个数。

函数返回值：

当 s1<s2 时，返回负数；当 s1=s2 时，返回 0；当 s1>s2 时，返回正数。

函数功能：

两个字符串自左向右逐个字符相比(按 ASCII 值大小相比较)，最多比较前 n 个字符，直到出现不同的字符或遇'\0'为止，字符串大小以第一个不同字符的大小来定。同样注意不是比较长度，长度长的不一定就大。

实例：
```
void main(void){
  char str1[16]=" world";
  char newstr[32]= "Hello";
  printf("%d\n", strcmp(str1,newstr,2));
}
```
实例功能：比较字符串 str1 和字符串 newstr 的前 2 个字符的大小。

7. strchr 从头往尾找字符函数

char ＊strchr(const char ＊str, int c)；

函数参数：

str：被检索的字符串。

c：要搜索的字符。

函数返回值：

指向该字符串中第一次出现的字符的指针，如果字符串中不包含该字符则返回 NULL 空指针。

函数功能：

在一个字符串中查找给定字符的第一次出现之处，在参数 str 字符串中搜索第一次出现字符 c 的位置。

实例：
```
void main(void){
  char str1[16]="d:\\test.txt";
  char *p = strchr(str1,'.');
```

```
  printf("%s\n",p);
}
```

实例功能：在字符串"d：\\test.txt"中找文件名中'.'第一次出现的位置，输出结果是“.txt”。

8. strrchr 从尾往头找字符函数

char *strrchr(const char *str, int c);

函数参数：

str：被检索的字符串。

c：要搜索的字符。

函数返回值：

指向该字符串中给定字符 c 最后一次出现的指针，如果字符串中不包含该字符则返回 NULL 空指针。

函数功能：

在一个字符串中查找给定字符 c 最后一次出现之处，在参数 str 字符串中搜索最后一次出现字符 c 的位置。

实例：

```
void main(void){
  char str1[16]="d:\\test.txt";
  char *p = strrchr(str1,'.');
  printf("%s\n",p);
}
```

实例功能：在字符串"d：\\test.txt"中找文件名中'.'最后一次出现的位置，字符串中只有一次，输出结果是“.txt”。

9. strlwr 字符串字母大写转小写函数

char *strlwr(char *str);

函数参数：

str：要修改的字符串。

函数返回值：

修改好的字符串指针，与输出参数 str 相同。

函数功能：

一个个地扫描给定字符串的字符，如果发现大写字母，则修改为小写字母。不是字母的字符不做处理。

实例：

```
void main(void){
  char str1[16]="abCD";
  printf("%s\n",strlwr(str1));
```

```
}
```

实例功能：将字符串"abCD"修改为"abcd"，并输出结果。

10. strupr 字符串字母小写转大写函数

char ＊strupr(char ＊str)；

函数参数：

str：要修改的字符串。

函数返回值：

修改好的字符串指针，与输出参数 str 相同。

函数功能：

一个个地扫描给定字符串的字符，如果发现小写字母，则修改为大写字母。不是字母的字符不做处理。

实例：

```
void main(void){
  char str1[16]="abCD";
  printf("%s\n",strupr(str1));
}
```

实例功能：将字符串"abCD"修改为"ABCD"，并输出结果。

11. atoi 字符串转整数函数

int atoi(const char ＊str)；

函数参数：

str：要计算的字符串。

函数返回值：

str 字符串对应的整数。

函数功能：

把字符串转换成整型数。函数会扫描参数 str 字符串，会跳过前面的空白字符(例如空格、tab 缩进)等。如果 str 不能转换成 int 或者 str 为空字符串，那么将返回 0。特别注意，该函数要求被转换的字符串是按十进制数理解的。

实例：

```
void main(void){
  char str1[16]="314";
  printf("%d\n",atoi(str1));
}
```

实例功能：将字符串"314"转换为整数，并输出结果。

12. atof 字符串转浮点数函数

double atof(const char ＊str)；

函数参数：

str：要计算的字符串。

函数返回值：

str 字符串对应的双精度浮点数。

函数功能：

把字符串转换成双精度浮点数。函数会扫描参数 str 字符串，会跳过前面的空白字符(例如空格、tab 缩进)等。如果 str 不能转换成 double 或者 str 为空字符串，那么将返回 0。特别注意，该函数要求被转换的字符串是按十进制数理解的。

实例：

```
void main(void){
  char str1[16]="3.1415926";
  printf("%lf\n",atof(str1));
}
```

实例功能：将字符串"3.1415926"转换为 double，并输出结果。

5.5 习题

1. 数组中元素的类型可以不一致，这个说法对吗？为什么？
2. 数组中元素的数目可以任意修改，这个说法对吗？为什么？
3. 字符串与字符数组有什么关系？
4. 字符串“It \ 's \ 40a \ 40C++programe!”中包含有________个字符。
5. 输入一行字符，分别统计其中英文字母、空格、数字及其他字符的个数。
6. 设有存放于数组中的一组整数，现从键盘中输入一个整数，在数组中查找该数，如果数组中含有该数，则输出其全部出现位置，否则输出“XX 不存在”，XX 代表该数值。
7. 定义一个数组，输入一半元素的值，然后排序，之后再输入其他值，要求将再输入的值插入数组中，保持数组元素顺序。
8. 将一个数组的值按逆序重新排放。例如，原来的顺序为 8，6，5，4，1，要求改为 1，4，5，6，8。
9. 找出一个二维数组中的鞍点，即该位置上的元素在该行最大、在该列最小，也可能无鞍点，输出其行列数。
10. 输入两个字符串，然后将两个字符串连接起来，输出(不用 strcat 函数)。
11. 将两个字符串 s1 和 s2 进行比较。如果 s1>s2，输出 1；s1==s2，输出 0；s1<s2，输出-1，比较规则是比第一个不一样的字母。
12. 编写一个程序，将字符数组 s2 中的全部字符复制到字符数组 s1 中(不用 strcpy 函数)。
13. 编写一个程序，使给定的一个 3*3 二维整型数组转置，即行列互换。
14. 编程实现从一个字符串中删除指定的字符。
15. 现有一个英文句子，编程统计其中的单词数，已知单词之间用空格分隔(空格数大于等于 1)，不考虑单词是否为合法的英语单词。

16. 有一实型一维数组，请编程分别找出其中的最大值和最小值，并将最大值与数组的最后一个元素交换，最小值与数组的第一个元素交换。

第6章　指　　针

数组可以用来一次定义很多个类型一样的变量，但是数组语法规定定义数组时，变量的个数必须是已知的，也就是数组的长度必须是已知的。在定义数组时，中括号([ ])内必须是个常整数。那么如果想定义未知长度的数组，也就是先定义数组长度变量，然后再定义这个长度的数组，应该怎么办？这个问题的解决必须依靠一个新概念指针。

关于指针我们可以这样理解：我们知道，变量就是计算机中的一个容器，可以放入数据进行处理，那这个容器在哪里呢？其实这个容器就是计算机的一小块内存，而数组就是连续的几小块内存。与数组类似，计算机的内存是通过编号来进行标识的，所有内存其实就是一个超级大数组。每个定义好的变量在整个内存组成的超级大数组中，一定占用了某个位置，这个位置的序号可以用取地址操作运算符“&”得到，在C和C++中定义了一个新的数据类型来保存这个内存位置(内存地址)，这个类型就是指针。

6.1　指针定义与基本操作

任何变量都有一个内存地址，这种地址称为指针，而指针变量是一种存放内存地址的变量。每一个指针变量都有相应的数据类型，该类型用以说明指针所指内存单元中存放的数据类型。

指针的语法如下：

<数据类型> * <指针变量名>

实例代码：

```
int *pIdx;          //声明一个整数类型的指针变量
double *pData;      //声明一个双精度浮点类型的指针变量
char *pC;           //声明一个字符类型的指针变量
```

注意：**所有指针值的实际数据类型是一个整数**，不管指针类型是整型、浮点型、字符型，还是其他的数据类型，指针的值是一个代表内存地址的整数，在不同系统下所占字节不一样，32位系统中为4Byte，而64位系统中为8Byte。不同数据类型的指针之间唯一的不同是，指针所指向的变量数据类型不同。

计算机对内存单元的访问有两种方式：

(1)**直接访问**：直接根据变量名存取变量的值。

C和C++的语法中可以直接获取变量的内存地址，这个运算符“&”，它的作用是直接获取变量的内存地址。

(2)**间接访问**：将变量的地址存放在指针变量中，当要对变量进行存取时，首先读取指针变量的值，得到要存取变量的地址，再对该变量进行访问。

为了对内存进行间接访问，在指针的语法中，有个常用的运算符“ * ”；这个运算符与数组下标运算符类似，在声明语句与使用语句中的含义是不同的。

指针语法中，星号“ * ”有两层含义：

(1)在声明语句中，星号“ * ”运算符是指针变量的标准，只有带星号“ * ”的变量才是指针变量，否则就是普通变量。

(2)在使用语句中，星号“ * ”运算符是取指针里面的值，就是将指针指向的地址中保存的数值取出来，即对内存进行了间接访问。可以简单理解为指针指向地址的变量，也就是普通变量名，可以给变量赋值，也可以取值，例如有如下代码：

```
main(){
  int a,b;
  int *pa,*pb;
  pa = &a;
  pb = &b;
  *pa = 10;
  *pa = 20;
  printf("a+b=%d",*pa+*pb);
}
```

这段代码中，“int *pa, *pb;”就是定义了两个指针变量。然后通过“pa=&a;”“pb=&b;”取 a，b 地址的方式给指针赋值；而“ *pa=10;”“ *pb=20;”则是给指针指向的地址变量进行赋值，给 pa 指向地址的变量赋值 10，给 pb 指向地址的变量赋值 20；完全等价于给变量本身赋值 a=10；b=20；最后一句是输出两个指针指向变量的值的求和结果，完全等价于“printf(“a+b= %d”, a+b);”。

通常，使用指针时将频繁进行以下几项操作：

(1)定义指针变量；

(2)给指针变量赋值；

(3)访问指针变量所指地址的值。

下面的实例比较完整地展示了指针的使用方法：

```
int main (){
  int a = 20;    //实际变量的声明
  int  *p;           //指针变量的声明
  p = &a;        //在指针变量中存储 a 的地址
  cout << "a= "<< a << endl;
```

```
    cout << "Addressa: " << p << endl; //输出指针变量中存储的地址
    cout << " *p=" << *p <<endl; //访问指针中地址的值
    return 0;
}
```

编译和执行上面的代码后，结果如下：

```
a = 20
Address a: 0x00E50103(此值与具体计算机有关)
*p= 20
```

指针就是内存中的一个地址，地址本身就是按序号编排的一系列整数：从 0 开始到最大的内存空间位置编号，如果要想指针指向不同的位置，只需要修改指针变量的值就可以了。通常，修改指针变量的操作包括“加”一个整数，让指针往后移动一定距离，“减”一个整数，让指针往前移动一定距离，也可以用运算符中的自运算“自加 1 运算++”和“自减 1 运算--”对指针进行移动。

需要特别注意的是，指针的这种随意移动看起来非常“酷”，用起来也非常灵活，但也是最麻烦的地方。计算机的内存空间是所有正在运行的程序一起使用的，如果每个程序用指针在内存中胡乱修改，那就麻烦了，整个系统将无法维持正常运转。为此，操作系统对内存进行了分配和标识，通常情况下只能在分给程序本身的一些位置范围内修改。如果我们将指针指向那些不能修改的位置，然后用指针的“ * ”运算符强制取数据，或者改数据，此时系统会弹出错误提示，并终止程序，我们就看到程序“crash”了。

到底哪些内存块是可以任意修改的呢？其实只有自己定义的变量区域是可以任意修改的。变量包括普通类型变量、数组和动态数组等，通过修改指针来访问各种变量的方法，我们将在指针的高级使用中再详细讲解。

在 C 和 C++中，还有一些与指针相关的概念，这些概念非常重要，表 6-1 列出了编程人员应该清楚的一些与指针相关的重要概念。

表 6-1　**与指针相关的重要概念**

概　　念	描　　述
NULL 指针	NULL 指针是一个定义在标准库中的值为零的常量
指针的算术运算	可以对指针进行四种算术运算：++、--、+、-
指针 vs 数组	指针和数组之间有着密切的关系，数组名就是指向数组第一个元素地址的指针
指针数组	可以定义用来存储指针的数组
指针的指针	C++允许指向指针的指针

续表

概　念	描　述
传递指针给函数	通过引用或地址传递参数，使传递的参数在调用函数中被改变
函数返回指针	通常用来返回函数内动态分配的内存
const 限定符形成指向常量的指针：const int *p;	指向常量的指针的值不能被修改。 例如："const int *p;"，它告诉编译器"*p"是常量，不能将"*p"作为左值来操作，也就是不能出现"*p=&x;"这样的操作
把 const 限定符放在*号的右边形成 const 指针：int * const p=&x;	这样定义使指针本身成为一个 const 指针，如："int x = 5; int * const p = &x; //"这个指针本身就是常量，编译器要求给它一个初始值，这个值在整个指针的生存周期中都不会改变，但可以使用"*p="来改变指针指向的变量值
指向常量的常量指针：const int * const p = &x;	这时告诉编译器"*p"和"p"都是常量，不能使用"&"和"*"运算符

特别说明：

(1)任何指针变量在使用之前必须初始化，使指针变量指向一个确定的内存地址，未经初始化的指针变量禁止使用，否则有可能导致程序出错，甚至系统崩溃。

(2)必须使用同类型变量的地址来初始化指针变量。

(3)指针与数组在内存中是一致的，可以将指针当数组用。

指针的使用举例：

```
int main (){
  char str[21]="This is a c program."
  char *p=str;
  int i,sum=0;
  for( i=0;i<21;i++,p++ ){
    if ( *p=='' ) sum++;
  }
  cout<<"This is a c program."<< " have "<< %d <<sum+1<<"words"
  return 0;
}
```

例子程序的功能是统计字符数组中单词的个数。实现过程：先定义一个字符数组，并给它赋值为"This is a c program."，然后定义一个指针，指向数组的开头，之后，用 for 循环对数组进行遍历，遍历过程中用移动指针的方法(即执行 p++)让指针指向不同元素，并用指针取值符号"*"对指针进行取值，获取指针指向的元素，判断元素是否为空格，如果是空格就将计数器加 1，最后输出计数器记录的值，实现统计字符数组中包含了多少个单词。

6.2　动态分配内存

本章的开始我们就提了一个问题："数组可以用来一次定义很多个类型一样的变量，但是数组中变量的个数必须是已知的，中括号([ ])内必须是个常整数。那么如果想定义未知长度的数组，也就是先定义数组长度变量，再定义这个长度的数组该怎么办?"其实这是个动态数组的定义问题。在学习动态数组的定义前我们需要搞清楚计算机怎么管理我们定义的变量。

程序中声明的变量，其所占内存空间不需要程序员管理，编译器在编译阶段就自动将管理这些空间的代码加入目标文件中。程序运行时由系统自动为变量分配内存空间，在作用域结束或者程序退出后自动释放内存空间。

如果在编写程序时，并不知道需要处理的数据量，或者难以评估所需处理数据量的变动程度，只有在运行时才能确定需要多少内存空间来存储数据，这时程序员就需要采用动态内存分配的方法设计程序，也就是动态内存管理技术。

动态内存管理是指在程序运行时为程序中的变量动态分配内存空间，它完全由程序自己进行内存的分配和释放，这样做可以更有效地利用资源。此外，当程序在具有更多内存的计算机上运行，并处理更多数据时，不需要重写程序。

这种动态内存管理技术是指针出现的主要原因，具有重要的意义，C 语言的标准库提供以下 4 个函数用于动态内存管理。

(1) malloc()：分配新的内存区域。

(2) calloc()：分配新的内存区域，并在内存放置 0。

(3) realloc()：调整已分配的内存区域。

(4) free()：释放已分配的内存区域。

四个函数都包含在头文件"stdlib.h"中，分配的内存所占空间的大小是以字节为单位计算的。内存空间肯定是正整数，为了更加突出这个内存空间是正整数，"stdlib.h"中专门定义了一个类型"size_t"，其实"size_t"就是正整数。此外 C 和 C++中还定义了一个宏运算符"sizeof()"来实现对某个类型所占内存空间的计算，**注意：sizeof()不是函数**，不能像函数一样计算变量所占用的内存空间，而只能对数据类型进行类型所用空间的计算。

"sizeof()"的应用举例：

```
void main(){
  cout<<"sizeof(char)="<sizeof(char)<<"\n";
  cout<<" sizeof(short)"<<sizeof(short)<<"\n";
  cout<<" sizeof(int)"<<sizeof(int)<<"\n";
  cout<<" sizeof(float)"<<sizeof(float)<<"\n";
  cout<<" sizeof(double)"<<sizeof(double)<<"\n";
}
```

程序运行结果：

sizeof(char)=1

sizeof(short)= 2

sizeof(int)= 4

sizeof(float)= 4

sizeof(double)= 8

下面就 4 个内存分配函数进行详细介绍。

1. malloc( )函数

函数原型：void * malloc(size_t size)；

参数：size 表示希望获取内存的大小，注意是以 Byte 为单位的大小。

返回值：此函数的返回值是分配区域的起始地址，或者说，此函数是一个指针型函数，返回的指针指向该分配区域的开头位置。

函数功能作用：分配连续的内存区域，其大小不小于 size，当程序通过 malloc 获得内存区域时，内存中的内容尚未确定，是随机数。malloc 函数的内部工作机制为：它有一个将可用的内存块连接为一个长长的列表的所谓空闲链表的功能。调用 malloc 函数时，它沿连接表寻找一个大到足以满足用户请求的内存块，然后将该内存块一分为二，一块的大小与用户请求的大小相等，另一块的大小就是剩下的字节，接下来，将分配给用户的那块内存传给用户，并将剩下的那块(如果有的话)返回到连接表上。调用 free 函数时，它将用户释放的内存块连接到空闲链上。多次使用 malloc 函数后，空闲链会被切成很多的小内存片段，如果这时用户申请一个大的内存片段，那么空闲链上可能没有可以满足用户要求的片段了，malloc 函数请求延时，并开始在空闲链上“翻箱倒柜”地检查各内存片段，对它们进行整理，将相邻的小空闲块合并成较大的内存块。如果无法获得符合要求的内存块，malloc 函数会返回 NULL 指针，因此在调用 malloc 动态申请内存块时，一定要对返回值进行判断。

malloc 举例：

静态数组语法：int pa[100]；

对应的动态数组语法：int * pa = (int *)malloc(100 * sizeof(int))；

静态数组语法：float pf[256]；

对应的动态数组语法：float * pf = (float *)malloc(256 * sizeof(float))；

静态数组语法：double pd[512]；

对应的动态数组语法：double * pd = (double *)malloc(512 * sizeof(double))；

静态数组语法：char pc[1024]；

对应的动态数组语法：char * pc = (char *)malloc(1024 * sizeof(char))；

2. calloc( )函数

函数原型：void * calloc(size_t count，size_t size)；

参数：count 表示需要分配内存的块数；size 表示需要分配内存的块大小。

返回值：此函数的返回值是分配区域的起始地址，或者说，此函数是一个指针型函数，返回的指针指向该分配域的开头位置。

函数功能作用：在内存的动态存储区中分配 count 个长度为 size 的连续空间，也就是分配一块内存区域，其大小至少是 count * size，相当于分配一个具有 count 个元素的数组，每个元素占用 size 个字节，而且 calloc 函数会把内存中每个字节都初始化为 0。calloc 函数内部工作机制与 malloc 函数相同，就是相当于先调用 malloc 函数，然后将分配的内存空间赋值为 0，所以 calloc 函数的执行速度要比 malloc 函数慢。

calloc 函数举例：

静态数组语法：int pa[100]；

对应的动态数组语法：int *pa = (int *)calloc(100, sizeof(int))；

静态数组语法：float pf[256]；

对应的动态数组语法：float *pf = (float *)calloc(256, sizeof(float))；

静态数组语法：double pd[512]；

对应的动态数组语法：double *pd = (double *)calloc(512, sizeof(double))；

静态数组语法：char pc[1024]；

对应的动态数组语法：char *pc = (char *)calloc(1024, sizeof(char))；

3. realloc()函数

函数原型：void *realloc(void *mem_address, size_t newsize)；

参数：mem_address 表示原内存地址；newsize 表示新内存大小。

返回值：如果重新分配成功，则返回指向被分配内存的指针，否则返回空指针 NULL。

函数功能作用：修改分配好的内存空间大小。先判断当前的指针是否有足够的连续空间，如果有，扩大 mem_address 指向的地址，并且将 mem_address 返回，如果空间不够，先按照 newsize 指定的大小分配空间，将原有数据从头到尾拷贝到新分配的内存区域(数据被移动了)，然后释放原来 mem_address 所指内存区域(注意：原来指针在内部释放，不需要再使用 free 了)，同时返回新分配的内存区域的首地址，通常情况下 realloc 函数的执行速度比 calloc 和 malloc 函数都要慢。

realloc 函数举例：

静态数组语法：int pa[100]；

对应的动态数组语法：int *pa = (int *)calloc(100, sizeof(int))；

用 realloc 函数将数组长度 100 改为 200 的语法为：pa=realloc(pa, 200)；以后数组长度就由 100 变为 200 了。特别注意：必须有赋值运算，因为内存地址变了，需要修改指针的值。

4. free()函数

函数原型：void free(void *ptr)；

参数：ptr 指针指向一个要释放内存的内存块，该内存块之前是通过调用 malloc、calloc 或 realloc 函数分配的。如果传递的参数是一个空指针，则不会执行任何动作。

返回值：该函数不返回任何值。

函数功能：释放之前调用 calloc、malloc 或 realloc 函数所分配的内存空间。

特别说明：分配内存的三个函数 calloc、malloc 和 realloc 都返回 void * 指针，这种指针被称为无类型指针(typeless pointer)，返回指针的值是所分配内存区域中第一个字节的地址。当程序将这个 void 指针赋值给不同类型的指针变量时，编译器会隐式地进行相应的类型转换。当获取所分配的内存位置时，所使用的指针类型决定了如何翻译该位置的数据。当分配内存失败时，返回空指针。

动态分配内存的使用举例：

```
void main(){
    int i,j,t,sz;
    cout<<"请输入数组长度";
    cin>>sz;
    int *pI = (int*)malloc( sz*sizeof(int) );
    for( i=0;i<sz;i++ ){
    cout<<"请输入数组元素["<<i<<"]的值";
    cin>>pI[i];
    }
    for( i=0;i<sz;i++ ){ //从大到小排序
      for(j=i+1;j<sz;j++ ){
        if (pI[i]<pI[j]{ t=pI[i];pI[i]=pI[j];pI[j]=t;}
      }
    }
    cout<<"输入数组从大到小为:";
    for( i=0;i<sz;i++ ){
        cout>>pI[i]<<" \n";
    }
    free(pI);
}
```

例子程序的功能是先输入数组长度，然后逐个输入数据，再从大到小排序，然后输出结果，最后释放内存。

6.3 new 和 delete

前面详细介绍了 C 语言中内存动态管理的相关方法和函数，C++语言在原基础上增加了 new 和 delete 两个运算符来实现内存的动态分配和释放。这两个运算符除了可以动态分配内存块外，更重要的功能是可以动态生成类对象，是面向对象程序设计中非常关键和必不可少的运算符，因此，这里推荐读者优先使用 new 和 delete 语法。

1. new 运算符

new 运算符是专门用于动态申请变量个数，也就是动态内存或动态对象的运算符，其语法格式为：

new<数据类型>[变量个数]；

实例代码：

```
int *pI = new int[1000];
float *pF = new float[200];
char *pC = new char[234];
```

语法格式中“**<数据类型>**”可以是包括数组在内的任意内置数据类型，也可以是包括类或结构体在内的用户自定义的任何数据类型，特别说明的是动态分配的内容必须赋值给定义好的指针类型变量，这样在不需要这些内存时，可以释放回操作系统，以便其他函数去申请动态内存。注意：new 操作必定是个赋值语句，语句的左边就是保存动态数组的指针变量。

2. delete 运算符

如果不再需要动态申请的内存(或称动态数组空间)了，就可以使用 delete 运算符释放它们，其语法格式为：

delete<指针变量名>；

实例代码：

```
delete pI;
delete pF;
delete pC;
```

语法格式中“**<指针变量名>**”是指在用 new 申请动态内容时，保存动态内存首地址的这个变量，也即 new 赋值的变量。

从 new 和 delete 的语法中可以发现，new 和 delete 是成对出现配对使用的，先用 new 申请动态内存，然后用 delete 释放申请的动态内存。强调一下，new 申请的空间必须也只能用 delete 释放，不能用 free()，同时 malloc 申请的空间也只能用 free 释放，而不能用 delete 释放。

申请动态内存使用完后一定要释放，这一点非常重要。因为 C 与 C++编译的程序不提供自动释放内存的功能，如果不主动释放内存，则系统的内存就一直被占用，就算程序结束退出了，这个内存还是处于被占用的状态。这样就会导致系统内存越来越少(这个现象也称为内存泄漏)，在所有可用内存都用完后，系统将无法继续执行其他操作，并提示内存不足，此时只能重新启动计算机了。

new 和 delete 的使用举例：

```
int main (){
  floatt, *pArray; int i,j,sz;
  cout<<"输入动态数组长度:"
```

```
    cin>>sz;
    pArray = new float[sz];
    cout<<"数组(%d)个元素:"<<sz;
    for( i=0;i<sz;i++ ){ cin>> pArray[i]; }
      for( i=0;i<sz;i++ ){ //从小到大排序
        for(j=i+1;j<sz;j++ ){
            if (pArray [i]>pArray [j]){
             t= pArray [i];
             pArray [i]= pArray [j];
             pArray [j]=t;}
        }
      }
      cout<<"输入数组从小到大为:";
      for( i=0;i<sz;i++ ){
          cout>> pArray[i]<< "\n";
      }
      delete [ ]pArray;
      return 0;
}
```

例子程序的功能是先输入数组长度，然后用 new 建立动态数组，之后，用 for 循环一个一个地输入数组元素，接着进行从小到大的排序，之后输出排序结果，最后用 delete 释放动态数组内存。

6.4 指针的高级使用

6.4.1 指针与数组

我们知道，数组是一系列具有相同类型的数据集，通俗地讲就是多个一样的变量，每一份数据(每个变量)叫作元素。数组的元素在内存中是连续排列的，整个数组占用的是一块内存，例如 int a={1, 2, 3, 4, 5}，该数组在内存中的分布如图 6-1 所示。

1	2	3	4	5

图 6-1 数组在内存中的分布

定义数组时，要给出数组名和数组长度，数组名可以认为就是一个指针，它指向数组的第 0 个元素，如图 6-2 所示。

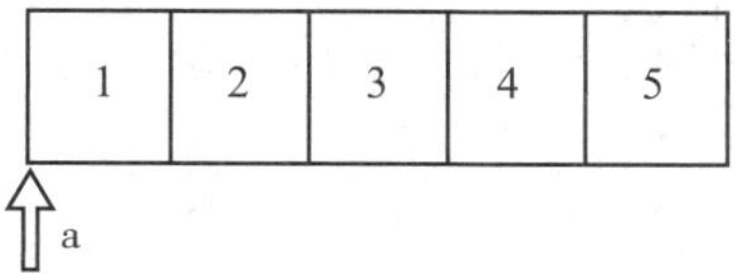

图 6-2 指针与数组的关系

数组名的本义是表示整个数组，在使用过程中经常会作为指向数组第 0 个元素的指针。因此，我们可以用指针来操作数组，如下面的代码所示：

```
void main(){
    int a[10];
    int i;
    cout<<"请输入 10 个整数给数组:";
    for( i=0;i<10;i++ ){
        cin>>*(a+i);
    }
    cout<<"输入数组的反序排列为:";
    for( i=9;i>=0;i-- ){
        cin>>*(a+i);
    }
}
```

代码中，我们用了“*(a+i)”这个表达式，“a”是数组名，指向数组的第 0 个元素。“a+i”是指向数组的第 i 个元素，“*(a+i)”表示取第 i 个元素，等价于 a[i]。

这里也可以定义一个指向数组的指针，并将数组首地址给指针，数组首地址就是数组名，上例中可以这样写：int *p = a;

引入指向数组的指针后，就有两种方案来访问数组元素了，一种是使用下标，另一种是使用指针。

(1)使用下标，也就是采用 a[i]的形式访问数组元素。如果 p 是指向数组 a 的指针，可以使用 p[i]来访问数组元素，等价于 a[i]。

(2)使用指针，也就是使用 *(p+i)的形式访问数组元素，数组名本身也是指针，可以使用 *(a+i)来访问数组元素，等价于 *(p+i)。

前面讲述指针时，我们讨论过，指针就是内存中的一个地址，如果要想指针指向不同的位置，只需要修改指针变量的值。通常修改指针变量的操作包括“加”一个整数，让指针往后移动一定距离，“减”一个整数，让指针往前移动一定距离，也可以用运算符中的自运算“自加 1 运算++”和“自减 1 运算--”对指针进行移动，针对数组数据，指针的移动就显得特别重要，而且特别方便。前面的例子我们将代码改用指针可以这样写：

```
void main(){
    int a[10];
```

```
    int i, *p=a;
    cout<<"请输入10个整数给数组:";
    for( i=0;i<10;i++,p++ ){
        cin>>*p;
    }
    cout<<"输入数组的反序排列为:";
    for( i=9;i>=0;i--,p-- ){
        cin>>*p;
    }
}
```

代码中，我们先定义了指针 * p，并将数组 a 的地址给了指针。在循环中，直接使用指针的“自加 1 运算++”实现了数据的输入，每输入一个数，指针也往后移动一个位置，刚好指向下一个元素，而输出的时候，我们使用“自减 1 运算--”，每输出一个元素，指针也往前移动一个位置，刚好指向上一个元素。通过这个例子，我们也可以看到使用指针访问数组的灵活之处。

动态数组定义的时候本身就是指针，使用过程中，毫无疑问可以使用指针进行自由的操作。针对动态数组，这里特别提醒：**动态数组释放的时候，指针必须指向动态数组的开始位置(元素 0 位置，也是分配内存时获得的位置)，否则无法释放**。这里给初学者推荐一个好习惯：**分配好内存后，立刻定义一个指针变量将首地址保存起来，中间不对这个变量做任何操作，使用完内存后，使用这个指针变量释放内存**，下面举例说明动态数组指针是如何灵活使用的。

```
void main(){
    int i,sz;
    cout<<"请输入数组长度";
    cin>>sz;
    float av,ss;
    float *p, *p0 = new float[sz];
    for(p=p0,i=0;i<sz;i++,p++ ){
      cout<<"请输入数组元素["<<i<<"]的值";
      cin>>*p;
    }
    for(av=0,p=p0,i=0;i<sz;i++,p++ ) av+= *p;
    av /= sz;
    for(ss=0,p=p0,i=0;i<sz;i++,p++ ) ss + =(( *p-av) * ( *p-av));
    cout<<"输入数组的均值和方差为:"<<av<<" "<<ss;
    delete p0;
}
```

例子程序的功能是先输入数组长度，再逐个输入数据，然后计算均值和方差并输出结果，最后释放内存。

例子代码中，我们定义了指针 * p 和 * p0，在循环中我们只操作 p，从不操作 p0，最后直接用 p0 释放内存，这样最可靠，不容易出问题。

6.4.2 字符串指针

C 和 C++中没有特定的字符串类型，通常将字符串放在一个字符数组中，既然是数组，当然可以用指针来操作字符数组，使用举例如下：

```
void main(){
  char str[32]="Wuhan University";
  char *p;
  int spaceSum=0;
  for( p=str; *p! =0;p++ ){ if ( *p==" ") spaceSum ++; }
  cout<<str<<"包含单词数:"<< spaceSum +1;
}
```

例子代码中，我们定义了指针 * p，在循环中让 p 指向字符串 str，并逐个过滤字符，如果碰到空格就让计数器 spaceSum 加 1，最后输出字符串以及包括的单词数，这里我们假设单词都用一个空格隔开，例子程序输出结果为：

Wuhan University 包含单词数：2

除了字符数组，C 和 C++还支持另外一种表示字符串的方法，直接使用指针指向字符串，例如："char * pStr = "Wuhan University";"字符串中的字符在内存中是连续排列的，pStr 指向的是字符串的第 0 个字符，因此也将 pStr 指向的位置称为字符串首地址，例如：

```
void main(){
  char *pStr ="Wuhan University";
  char *p;
  int spaceSum=0;
  for( p=pStr; *p! =0;p++ ){ if ( *p==" ") spaceSum ++; }
  cout<<str<<"包含单词数:"<< spaceSum +1;
}
```

这一切看起来和字符数组是相同的，它们都可以输出整个字符串，都可以使用 * 或 [ ]获取单个字符，那这两种表示字符串的方式有没有区别呢？

有区别！而且区别很大。

第一种"char str[32]="Wuhan University";"表示定义一个数组，并在其中装入一个字符串，而第二种"char * pStr ="Wuhan University";"表示定义一个指针，让指针指向一个字符串常量，特别注意：这里是字符串常量。字符串常量与数值常量一样是不能改变的，例如我们在程序中写入了"int a = 2 + 3;"，那数值 2 和 3 就是常量，程序运行的时候它们不是变量，没有保存到某个位置，无法修改值，只能在写程序的时候修改，字符串常量与数值常量不能修改的道理完全相同，字符串常量也是不能修改的。之所以可以用指针指向字符串常量，仅仅是因为它们由多个字母组成，第一个字母似乎有地址，看起来像变量而已，它们是地地道道的常量。其实最根本的原因是系统给不同位置的内存设置了权限，常量都放在常量内存区，只能读取，不能修改。关于系统内存管理，不是本书的内容，我们不再深入讨论。

总之，C 和 C++中，有两种表示字符串的方法，一种是字符数组，另一种是字符串常量，它们是不同的数据类型。字符数组可以读取和修改，而字符串常量只能读取不能修改，例如：

```
void main(){
  char * pStr ="Wuhan University";
  *(pStr+2)= 0;//改变指针指向位置的内容是错误的!!!
  pStr= "Hello world!"; //改变指针是可以的
  cout<<pStr;
}
```

因此，在编程中如果只想显示一个字符串，那么用字符数组和字符串常量都可以，但是如果希望中途改变字符串内容，那么只能使用字符数组，不能使用字符串常量。

6.4.3 指针总结

指针就是内存的地址，C 和 C++允许用一个变量来存放指针，这种变量称为指针变量。指针变量既可以存放基本数据类型的地址，也可以存放数组、函数以及其他指针变量的地址。

程序在运行过程中需要的是数据和指令的地址，变量名、函数名、字符串名和数组名在本质上是一样的，它们都是地址的助记符。在编写代码的过程中，我们认为变量名表示的是数据本身，而函数名、字符串名和数组名表示的是代码块或数据块的首地址；程序被编译和链接后，这些名字都会消失，取而代之的是它们对应的地址。

(1)指针变量可以进行加减运算，例如 p++、p+i、p-=i，指针变量的加减运算并不是加减整数，而是在移动指针位置。

(2)给指针变量赋值时，是将一份数据的地址赋给它，一般不能直接赋给一个整数，因为我们不知道这个数代表的地址是否可以使用。

(3)使用指针变量之前一定要初始化，否则就不能确定指针指向哪里，如果它指向的内存没有使用权限，程序就会崩溃。

(4)两个指针变量可以相减，如果两个指针变量指向同一个数组中的两个元素，那么相减的结果就是两个指针之间相差的元素个数。

6.5 习题

1. 什么是指针？什么是指针变量？指针为什么一定要赋值才可以用？

2. 如果程序中已有定义：int k；

(1)定义一个指向变量 k 的指针变量 p 的语句是____________________。

(2)通过指针变量，将数值 6 赋值给 k 的语句是____________________。

(3)定义一个可以指向指针变量 p 的变量 pp 的语句是__________________。

3. 下列程序的输出结果是__________________________。

```
main(){
    int * *k, *a,b=100;
    a=&b; k=&a;
    printf("%d\n", * *k);}
}
```

A. 运行出错　　B. 100　　C. a 的地址　　D. b 的地址

4. 有以下程序

```
main(){
    int m=1,n=2, *p=&m, *q=&n, *r;
    r=p;p=q;q=r;
    printf("%d,%d,%d,%d\n",m,n, *p, *q);
}
```

程序运行后的输出结果是

A. 1, 2, 1, 2　　B. 1, 2, 2, 1　　C. 2, 1, 2, 1　　D. 2, 1, 1, 2

5. 若有定义：int a[ ] = {2, 4, 6, 8, 10, 12}, *p = a; 则 *(p+1) 的值是________, *(a+5)的值是________。

6. 以下程序段中，不能正确赋字符串的是( )

A. char s[10]="abcdefg";　　B. char t[ ]="abcdefg"; char *s=t;

C. char s[10]; s="abcdefg";　　D. char s[10]; strcpy(s,"abcdefg");

7. 若有语句

```
char a[]="It is mine";
char *p="It is mine";
```

则以下叙述不正确的是________。

A. a+1 表示的是字符 t 的地址。

B. p 指向另外的字符串时，字符串的长度不受限制。

C. a 字符串修改不了。

D. p 字符串修改不了。

8. 若指针 p 已正确定义，要使 p 指向两个连续的整型动态存储单元，不正确的语句是________。

A. p=2*(int *)malloc(sizeof(int));

B. p=(int *)malloc(2*sizeof(int));

C. p=(int *)malloc(2*4);

D. p=(int*)calloc(2, sizeof(int));

9. 若有定义和语句：int a[4]={1, 2, 3, 4}, *p; p=&a[2]; 则 *--p 的值是________。

10. 若有定义和语句：int a[2][3]={0}, *p; p=a[1]; 则 p+1 相当于 a+________。

11. 定义 3 个整数及整数指针，仅用指针方法按由小到大的顺序输出。

12. 输入 10 个整数，将其中最小的数与第一个数对换，把最大的数与最后一个数对换。

13. 编写程序将一个 3×3 矩阵转置。

14. 编写程序实现输出字符串长度。

15. 编写程序实现比较两个字符串的字符。

16. 编写程序实现字符串复制。

17. 编写程序实现字符串调头(头尾交换过来)。

18. 计算字符串中子串出现的次数。

19. 编写一个程序，输入星期，输出该星期的英文名，用指针数组。

20. 定义一个动态数组，长度为变量 n，用随机数给数组各元素赋值，然后对数组各单元进行排序输出。

第7章 函　　数

在程序设计中，常常遇到相同的计算过程在多个位置使用的现象，例如求平方根这个计算过程会在很多位置使用。在所有位置都重新写一遍代码显然是不太合理的。为此，程序设计语言如C和C++都提供了将重复使用的代码打包到一起，并给这个代码段取个名称，使用这个名称相当于使用这个代码段的功能，这便是函数。

函数的本质是一段可以重复使用的代码，这段代码被提前编写好了，放到了指定的文件中，使用时直接调取即可。函数使我们的程序更模块化，不需要编写大量重复的代码，函数还有很多叫法，比如方法、子程序、过程，等等。

C和C++标准库提供了大量可以调用的内置函数。例如输入输出函数scanf()和printf()，数学函数sin()、cos()、sqrt()、pow()、log()，等等。除了系统提供的函数外，C和C++也鼓励开发人员设计自己的函数。与变量的定义类似，要想使用自己的函数，必须在使用前先定义好，也就是函数的定义必须放在使用代码前面。

对于初学者，特别提醒需注意的是关于函数输出输入的理解。

我们一提到输出输入，很多人立即想到printf、scanf或者cout、cin函数，但函数的输出输入一般不是指用printf、scanf或者cout、cin实现的输出输入。函数的输入通常指使用函数时需要给定的参数，例如三角函数sin()，它的输入是将数值或者变量放在括号里，而不是用scanf或者cin输入一个数。函数的输出通常是函数处理的结果，例如三角函数sin()的输出就是计算结果，一般是在函数结束时用return返回值。我们可以将函数输出的值赋到(也就是“=”)已经定义好的变量中。

在调用函数时，输入的参数其实是参数变量的一个复制品，也就是C和C++函数参数传递是“值传递”。更直白地讲就是调用函数时，参数是用原先的变量赋值给函数参数变量的，函数的参数变量不是原先的变量，因此在函数中修改参数的值不会作用到调用者定义的变量，如果一定要修改原先的变量，需要用特殊的语法，如使用引用参数、指针等。通常情况下修改函数参数的值不影响原先变量，如下面例子：

```
double Reciprocal(double x){
  x = 1/x;
  return x;
}
  main(){
  double x,y;
  x = 2.0;
  y = Reciprocal(x);
```

```
  cout<<x<<" "<<y;
}
```

当上面的代码被编译和执行时，它会产生下列结果：

2.0　0.5

可以看到在函数"Reciprocal(double x)"中，参数 x 的值已经被修改了，但是在主程序中，x 变量的值没有变，还是 2.0，修改的值只能通过 return 返回到主程序的变量 y 中。

7.1　函数的定义

将代码段封装成函数的过程叫作函数定义。设计好的函数可以提前保存起来，并给它取一个独一无二的名字，只要知道它的名字就能使用这段代码。函数可以接收参数，并根据参数值算出结果，最后把结果反馈给父程序的变量。

C 和 C++中定义函数的语法如下：

<返回类型>函数名称(函数参数 1 的数据类型 函数参数 1 名称，函数参数 2 的数据类型 函数参数 2 名称……函数参数 n 的数据类型 函数参数 n 名称){

函数执行主体语句……

}

实例代码：

```
int GetMax(int a,int b){
  if (a>b) return a;
  else return b;
}
```

在 C++ 中，通常将函数分为函数头和函数主体，函数主体是函数的全部内容，而函数头仅仅是函数的定义部分。通常可以将函数头复制一份到头文件中提供给他人，以便他人了解函数参数和函数名称等信息。

函数主体各组成部分含义如下：

(1)返回类型：又称为函数类型。一个函数可以返回一个值，返回类型就是函数返回值的数据类型。有些函数执行所有的操作后不返回值，在这种情况下，返回类型是无类型(关键字 void)。通常情况下，函数返回值就是函数的输出。

(2)函数名称：这是函数的实际名称，是函数的标识，使用函数就是通过函数名称来实现的。函数名称和参数列表一起构成了函数签名，函数签名是唯一的。

(3)参数列表：参数列表又称为形参数列表或参数签名表，包括参数类型、参数个数和参数顺序。参数列表是可选的，也就是说，函数可以不包含任何参数，函数参数是函数的输入。

(4)函数执行主体：函数执行主体包含函数执行任务的所有语句，包括变量定义、赋值语句、选择语句等一切合法的语句，如果函数有返回值，则函数最后一句必定是 return <返回的数值或变量>。

在上面的实例代码中，函数类型是 int，函数名称是 GetMax，参数 1 的类型是 int，参数 1 的名称是 a，参数 2 的类型是 int，参数 2 的名称是 b；函数主体是：{if (a>b) return a; else return b;}，函数主体中有两个位置返回，但只会有一个被执行，返回的值只有一个。

7.2　函数的参数

函数的参数有时也称为函数的输入参数，函数在执行时需要处理这些参数来返回结果。数据通过参数传递到函数内部，处理完成以后以返回值或参数告知函数外部。函数定义时给出的参数称为形式参数，简称形参；函数调用时给出的参数(也就是传递的数据)称为实际参数，简称实参。函数调用时，将实参的值传递给形参，相当于一次赋值操作。原则上讲，实参的类型和数目要与形参保持一致。如果能够自动进行类型转换，或者进行强制类型转换，那么实参的类型也可以不同于形参类型，例如将 int 类型的实参传递给 float 类型的形参就会发生自动类型转换。

形参和实参的区别和联系：

(1)形参变量只在函数被调用时才会分配内存，调用结束后，立刻释放内存，所以形参变量只在函数内部有效，不能在函数外部使用。

(2)实参可以是常量、变量、表达式、函数等，无论实参是何种类型的数据，在进行函数调用时，它们都必须有确定的值，以便把这些值传送给形参，所以应该提前用赋值、输入等方法使实参获得确定值。

(3)实参和形参在数量上、类型上、顺序上必须严格一致，否则会发生"类型不匹配"的错误。当然，如果能够进行自动类型转换，或者进行强制类型转换，那么实参类型也可以不同于形参类型。

(4)函数调用中发生的数据传递是单向的，只能把实参的值传递给形参，而不能把形参的值反向地传递给实参；换句话说，一旦完成数据的传递，实参和形参就再也没有瓜葛了，所以，在函数调用过程中，形参的值发生改变并不会影响实参。

(5)形参和实参虽然可以同名，但它们之间是相互独立的，互不影响，因为实参在函数外部有效，而形参在函数内部有效。

函数参数使用举例：

```
void sort(float pDat[],int datSize){
  int i,j; float t;
  for(i=0;i<datSize;i++){
    for(j=i+1;j<datSize;j++){
      if ( p[i]>p[j]){
        t = p[i]; p[i]=p[j];p[j]=t;
      }
    }
  }
}
```

```
void main(){
  float a[5];
  int i;
  cout<<"请输入 5 个数测试排序:";
  for(i=0;i<5;i++){
    cin>>a[i];
  }
  sort(a,5);
  cout<<"排序结果为:";
  for(i=0;i<5;i++){
    cin>>a[i];
  }
}
```

例子程序先定义了排序函数 sort，该函数功能是对输入的数组进行排序。函数名称是 sort；函数类型(返回值类型)是 void，这个函数不需要返回值；函数的参数是 pDat[ ]和 datSize，分别表示要排序的数组和数组长度(即元素个数)。这里函数的参数就是指函数运算过程中要处理什么数据。这些数据只能以参数的形式输入函数中。本例函数功能是排序，当然需要排序的数据，因此将待排序数组和数组长度当作参数输入函数里面。注意：不能在函数中通过 cin 输入数据，如果这样做，函数就失去意义了。

函数参数的注意问题 1：**值传递与引用传递。**

前面讲过，由于 C 语言函数执行的是值传递模式，当实参数传入函数时是进行了一次拷贝，也就是函数内的参数不是原先的变量，而是变量的一个副本，因此在函数内修改参数变量的值对函数外没有作用，如下代码：

```
int add( int a,int b ){
  int c = a+b;
  a = b = 0;
  return c;
}
void main(){
  int a = 2,b=1;
  cout<<add(a,b)<< " "<<a<<" "<<b;
}
```

这个代码执行后，输出为：3 2 1

在函数 add(int a，int b)中虽然修改了参数 a，b 的值，但是这个修改并不会影响到 main( ) 函数中的变量 a，b。函数 add(int a，int b)在执行过程中复制了一份参数变量 a 和 b，修改的是函数内部复制的那一份，外面的并没有修改。**这也提醒初学者，想直接通过修改函数参数来将结果带回来是不行的。**那是否有办法让参数传入本身而不是复制品呢？C 语言允许将参数本身传入，并可以将值带回，这种参数称为引用参数，其语法是：

在参数变量前面加 & 符号

即：

<返回类型>函数名称(函数参数 1 的数据类型 & 函数参数 1 名称，函数参数 2 的数据类型 & 函数参数 2 名称，…){

函数执行主体语句…

}

特别注意，这个符号与取变量地址运算没有关系，仅仅是一种表示，代表引用参数。例如将上面的函数add(int a，int b)改为引入参数就为：

int add(int & a，int & b)

函数变量的性质没有任何修改，仅仅代表变量不复制，就是变量本身。这样定义对函数的使用没有任何影响，就如正常函数一样使用。使用引用参数的函数完整例子：

```
int add( int &a,int &b ){
  int c = a+b;
  a = b = 0;
  return c;
}
void main(){
  int a = 2,b=1;
  cout<<add(a,b)<< " "<<a<<" "<<b;
}
```

此时，输出为：3 0 0

使用引用参数一定要非常谨慎，通常不推荐使用。但这种编程风格增加了程序的可读性，因为通常调用函数时，我们并不一定有函数的源代码，没有看到函数里面的代码，无法确定到底对参数作了什么修改，无法理解完整的程序功能。

函数参数的注意问题 2：**数组作为函数参数**。

当将数组作为函数参数时，**必须将数组长度作为单独参数传入**，不能认为整个数组都会传入，因为以数组作为参数时，其实仅仅是数组的头指针传入函数，函数内部无法知道数组的长度。例如对整数数组求和的函数必须这样写：

```
int getSum( int a[ ],int n ){
  int i,ss = 0;
  for( i=0;i<n;i++ ) ss += a[ i ];
  return ss;
}
```

函数 getSum(int a[ ]，int n)中的 n 是数组长度，必须单独作为参数传入。完整的数组作为参数的程序代码为：

```
int getSum( int a[ ],int n ){
  int i,ss = 0;
  for( i=0;i<n;i++ ) ss += a[ i ];
```

```
  return ss;
}
void main(){
  int i,x[10];
  for( i=0;i<10;i++ ) cin>>x[i];
  cout<<getSum(x,10);
}
```

7.3　函数的返回值

函数的返回值是指函数被调用时，函数体中的代码运行后得到的结果，这个结果通过 return 语句返回。注意：有的函数功能不是为了计算某个值，而是为了进行某些数据操作，例如对数组里的元素进行排序，排序是个处理过程，不需要返回某个值，处理的结果就是数组里的元素移动了位置而已，在这种情况下，函数没有返回值。对有返回值的函数，return 语句的语法为：

return 表达式;

(1)如果函数没有返回值(即 void 类型的函数)，return 后面不需要表达式，直接写 return 即可，此时 return 的功能是结束函数执行。

(2) return 语句可以有多个，可以出现在函数体的任意位置，但是每次调用函数只能有一个 return 语句被执行，所以只有一个返回值。

(3)函数的语句在执行时，一旦遇到 return 语句就立即返回，后面的所有语句都不会执行，因此，return 语句还有强制结束函数执行的作用。

(4)return 语句只能返回一个类型的值，可以是常量，也可以是变量。注意：总有初学者希望返回两个值(例如平面点坐标 x，y)，这个想法是错误的，如果希望返回多个分量，只能用后面学习的结构体类型。

函数返回值的举例：

```
float GetDistance( float x0,float y0,float x1,float y1 ){
    float dis = (float)sqrt((x0-x1) * (x0-x1) + (y0-y1) * (y0-
y1));
    return dis; //返回值
}
  void main(){
  float ax,ay,bx,by;
  cout<<"请输入两平面点 x0 y0  x1 y1:";
  cin>>ax>>ay>>bx>>by;
  cout<<"两平面点距离="<< GetDistance(ax,ay,bx,by);
}
```

例子程序先定义了求距离函数 GetDistance，函数返回值是两点距离，然后在 main()

主程序中输入两点坐标，调用求距离函数，输出距离。

7.4　函数的重载

在实际开发中，有时候我们需要几个实现功能类似的函数，只是有些细节不同。例如，交换两个变量的值，这两个变量有多种类型，可以是 int、float、char、bool 等，我们需要通过参数把变量的地址传入函数内部。在 C 语言中，程序员往往需要分别设计出三个不同名的函数，其函数原型与下面类似：

```
void swap1(int *a, int *b);          //交换 int 变量的值
void swap2(float *a, float *b);      //交换 float 变量的值
void swap3(char *a, char *b);        //交换 char 变量的值
void swap4(bool *a, bool *b);        //交换 bool 变量的值
```

但在 C++中，这完全没有必要。C++ 允许多个函数拥有相同的名字，只要它们的参数列表不同就可以，这就是函数的重载(Function Overloading)，借助重载，一个函数名可以有多种用途。

在使用重载函数时，同名函数的功能应当相同或相近，不要用同名函数去实现完全不相干的功能，这样做虽然语法上没有错误，程序能正常运行，但可读性不好，使程序阅读者觉得莫名其妙。

注意，参数列表的不同包括：参数的个数不同、类型不同或顺序不同，仅仅参数名称不同是不可以的，函数返回值也不能作为重载的依据。

函数重载规则：

(1)函数名称必须相同，否则就不称为重载。

(2)参数列表必须不同(个数不同、类型不同、参数排列顺序不同等)。

(3)函数的返回类型可以相同也可以不相同，仅仅返回类型不同，不能形成重载，而是重复定义，编译会报错。

7.5　变量的作用域

所谓作用域(scope)，也即变量的有效范围，也即变量可以在哪个范围内使用。有些变量可以在所有代码文件中使用，有些变量只能在当前的文件中使用，有些变量只能在函数内部使用，有些变量只能在 for 循环内部使用，这都属于变量作用域涉及的语法。

变量的作用域由变量的定义位置决定，在不同位置定义的变量，它的作用域是不一样的，通常包含局部变量和全局变量。

1. 局部变量

局部变量一般指只在函数内部定义的变量或者在复合语句(用{}括起来的语句块)内部定义的变量。在函数内部定义的变量，它的作用域也仅限于函数内部，出了函数就不能

使用了，最简单的判别变量作用域的办法就是看{}，在{}内定义的变量，出了{}就不能用了。需要特别说明的是，函数的形参也是局部变量，将实参传递给形参的过程，就是用实参给局部变量赋值的过程，它和普通赋值没有什么区别。

2. 全局变量

C 和 C++允许在所有函数的外部定义变量，这样的变量称为全局变量(Global Variable)。全局变量的默认作用域是整个程序，也就是所有的代码文件，包括源文件(.c 或.cpp 文件)和头文件(.h 文件)。如果给全局变量加上 static 关键字，它的作用域就变成了当前文件，在其他文件中就无效了。对于全局变量，在一个函数内部修改它的值会影响到其他函数中的值，全局变量的值在函数内部被修改后并不会自动恢复，它会一直保留该值，直到下次被修改。

C 和 C++规定，在同一个作用域中不能出现两个名字相同的变量，否则会产生命名冲突。但是在不同的作用域中，允许出现名字相同的变量，它们的作用范围不同，彼此之间不会产生冲突。不同函数内部的同名变量是两个完全独立的变量，它们之间没有任何关联，也不会相互影响。

特别注意：如果函数内部的局部变量和函数外部的全局变量同名，则在当前函数这个局部作用域中，全局变量会被“屏蔽”，不再起作用，也就是说，在函数内部使用的是局部变量，而不是全局变量。C 和 C++变量的使用遵循就近原则，如果在当前的局部作用域中找到了同名变量，就不会再去更大的全局作用域中查找。

变量作用域举例：

```
double GetLineY(double x,double k,double b){
    double y = k * x+b; //y 的作用域就是在 GetLineY 函数内
    return y;
}
void main(){
   double mx,my,mk,mb; //这些变量的作用域就是在 main 函数内
   cout<<"请输入直线方程的 k,b:";
   cin>>mk>>mb;
   cout<<"请输入直线方程的 x:";
   cin>>mx;
   my = GetLineY(mx,mk,mb);
   cout<<my;
}
```

例子程序的作用是先定义直线函数，然后在主程序中输入直线方程的 k，b，x 值，输出直线上与 x 值对应的 y 值。例子中，函数体内定义的变量作用域是函数内，函数外不能用这些变量，而 main 函数里面定义的变量也只能在 main 函数里面用，因为这些变量的作用域是 main 函数。

7.6 嵌套与递归

函数的嵌套是指在函数调用过程中再调用其他函数。函数递归是一种特殊嵌套，指在函数调用过程中再调用函数自身。函数嵌套是编程语言的特性，而递归是算法的逻辑思想。

函数嵌套调用很好理解，就是在函数中再使用其他函数。其实所有算法语言的语法都支持嵌套语法，例如 if-else 语句中可以再使用 if-else 语句，for 循环中可以再使用 for 循环，而 main( )函数中肯定也会再调用其他函数，只要在函数中再调用了函数就算是函数的嵌套使用了。

但是函数的递归就有点不好理解了。其实递归就如我们从小听过的故事“从前有座山，山里有座庙，庙里有个和尚，和尚在讲故事说：从前有座山，山里有座庙，庙里有个和尚，和尚在讲故事说：从前有座山……”这个故事没有结束的时候，因为庙里和尚说的还是这个故事。生活中还有一个例子也是典型的递归：拿两面镜子对着照，你会发现镜子里面有镜子、镜子里面有镜子……无限下去。在编写程序的时候，如果一个函数在执行时调用了自己，就也会出现这样无限执行下去的现象。这个现象似乎是没有意义的，但是数学中就有一些问题需要这样的功能，例如对分折叠(即等比数列求和)问题：计算 1/2+1/2/2+1/2/2/2+…，每次计算一个数的一半，然后再计算结果的一半，一直算下去并求和。

其实，递归作为一种算法在程序设计语言中被广泛应用，它通常把一个大型复杂的问题层层转化为一个与原问题相似的规模较小的问题来求解。递归策略只需少量的程序就可描述出解题过程所需要的重复计算，大大减少了程序的代码量，递归的用处在于用有限的语句来定义对象的无限集合，用递归思想写出的程序往往十分简洁易懂，例如，我们求阶乘的算法用递归可以这样实现：

```
double Factorial(double x){
  return (x>1)? x*Factorial (x-1):1;
}
```

这个代码比用 for 循环要简单很多，同时与数学思维习惯特别贴近：就是对给定的数 x，不断地去乘比这个数小 1 的数，直到要乘的数是 1 为止。由此可见递归是一种循环。

递归的主要思想是将一个问题分而治之。对于问题 X，如果能把 X 分解成一系列比 X 更容易解决的子问题(X0，X1，X2，…，Xn)，通过解决子问题来解决问题 A。特别地，如果子问题的处理与母问题的处理极度相似，可以用相同算法，则这个问题可用递归算法来解决。在面对递归问题时，我们可以按如下步骤来处理：

(1)把问题分解成更容易解决的子问题，比如，把计算斐波那契数列的第 n 项问题分解转换成计算第 n-1 项加上第 n-2 项这两个子问题。

(2)假设我们有一个函数可以应用在所有的子问题上，比如计算斐波那契数列的 fibo 函数。

(3)基于步骤(2)的函数，实现如何把子问题的解拼成最终问题的解，这就是递归部分，在计算斐波那契数列的例子里就是“fibo(n-1) + fibo(n-2)”部分。

(4)递归部分确定了，然后再考虑子问题最终简化到最底层时该返回什么值。

(5)上面 4 步都做好了之后，剩下的就只有无条件地相信计算机了……

计算斐波那契数列的第 n 项的递归算法：

```
int fibo(int n){
   if (n==0)return 0;
   if (n==1) return 1;
   return fibo(n-1)+ fibo(n-2)'
}
```

递归其实不算是 C 语言的语法，而是一种程序设计的算法，用于解决一些特殊问题，例如，遍历列表数据结构，找某个节点；遍历二叉树数据结构，查找某个叶节点；遍历某个文件夹查找某个文件，等等。使用递归算法一定要设置好边界条件，即递归结束的条件，否则可能出现无限循环，导致程序崩溃。此外需要指出的是：所有递归程序都可以用循环实现，只是代码较为复杂而已。

7.7　习题

1. 编写一个函数，由实参传入一个字符串，统计此字符串中字母、数字、空格和其他字符的个数，在主函数中输入该字符串以及输出上述结果。

2. 输入 10 名学生的 5 门课成绩，分别用函数实现下列功能：

(1)计算每个学生的平均分；

(2)计算每门成绩的平均分；

(3)找出 50 个分数中的最高分和对应的学生和课程。

3. 编写一个函数，输入一个十六进制数，输出相应的十进制数。

4. 编写一个函数，用于判断给定的整数是否为素数，如果是则返回 1，否则返回 0，并写一个主函数调用上述函数，输出 3~100 之间的所有素数。

5. 编写一个函数，实现用选择法将数组元素按由小到大排列，其中，排序的数组及参与排序的元素个数由参数传递。

6. 编写一个函数，其原型为 void delete_char(char str[ ], char ch)，功能是从参数 str 指定的字符串中删除由 ch 指定的字符。

7. 编写一个函数，求某个整数的位数以及各数位数字之和。

8. 编写 strcmp 函数的实现代码。

9. 编写 strcpy 函数的实现代码。

10. 编写 strstr 函数的实现代码。

11. 编写 strchr 函数的实现代码。

12. 编写 strupr 函数的实现代码。

13. 编写 n！ 函数的实现代码。

14. 编写 sinx 函数的实现代码(取前 20 项)。

$$\sin x = x - \frac{x^3}{3!} + \frac{x^5}{5!} + \cdots + (-1)^{m-1}\frac{x^{2m-1}}{(2m-1)!} + o(x^{2m-1})$$

第 8 章　结构体与枚举

C 和 C++的基本数据类型以及数组通常可以表示现实中的各种问题，但是有的时候用起来还是不够方便，例如，我们想描述图书馆中书本的信息，但发现书本的信息包含多个数据类型，如书名、作者、类别、价格，等等。如果用基本数据类型来描述这些信息，我们就不得不使用几个变量来描述书的信息，每次都需要同时操作这些变量，非常不方便。为了解决这一问题，C 和 C++提供了自己定义和扩展数据类型的语法，这便是结构体(struct)。

8.1　结构体定义

结构体的语法如下：

struct<自定义的数据类型名称>{
<第一个组成部分的类型>　<第一个组成部分的名称>;
<第二个组成部分的类型>　<第二个组成部分的名称>;
<第三个组成部分的类型>　<第三个组成部分的名称>;
……
<第 n 个组成部分的类型>　<第 n 个组成部分的名称>;
};

实例代码：

```
struct BookInfo{
  char strTitle[32];
  char strAuthor[32];
  int type;
  float price;
};
```

代码中 BookInfo 就是自己新定义的数据类型，这个数据类型包含多个子项目，这些子项目被称为新数据类型的成员，每个子项目必须由成员数据类型和成员名称组成，而且成员的数据类型必须是已经存在的，可以是基本的数据类型，也可以是已经在前面定义的扩展类型。

注意：结构体(struct)定义的是新的数据类型，不是变量，变量需要用这个新类型来定义。

自己定义了新的结构体数据类型后就可以像基本数据类型一样使用。定义了这个类型的变量，在后面的各种语句中就可以使用定义的变量。结构体定义的变量与基本数据类型定义的变量最大的差异在于：基本数据类型可以直接赋予本数据类型的常量，结构体类型的变量没有对应的类型常量，无法直接操作变量整体，只能操作结构体变量的成员，操作结构体变量成员的语法如下：

<结构体类型的变量>. <成员变量名>

实例代码：

```
main(){
  struct Student{ //定义结构体类型 Student
  int id; //第一成员 id，表示学号
  int grade;//第二成员 grade,表示年级
  float scoreC; //第三成员 scoreC,表示成绩;
  };
  Student li,zh; //定义两个变量
  li.id = 201932501; //给变量的成员一赋值
  li.grade = 1; //给变量的成员二赋值
  li.scoreC = 90; //给变量的成员三赋值
  zh = li; //结构变量相互赋值
  printf("zh.id= % d \n", zh.id);
  printf("zh.grade = % d \n", zh.grade);
  printf("zh.scoreC = % d \n", zh.scoreC);
}
```

当上面的代码被编译和执行时，它会输出下列结果：

```
zh.id= 201932501
zh.grade = 1
zh.scoreC = 90
```

从代码中可以看到，使用结构体变量的成员方法是在结构体变量后面加个小数点，再写成员名称就可以。此外，结构体变量之间可以整体执行赋值运算，实现等于的操作，但是输入、输出必须按成员变量逐个操作，不能整体操作。

在定义普通变量的时候，我们可以使用“int i=0;”这样的语句进行初始化，那么用结构体定义变量是否可以初始化呢？显然是可以的，与初始化数组非常类似，结构体的初始化按成员顺序逐个给定初值，例如：

```
main(){
  struct Student{ //定义结构体类型 Student
  int id; //第一成员 id，表示学号
  int grade;//第二成员 grade,表示年级
  float scoreC; //第三成员 scoreC,表示成绩;
  };
  Student li={201932501,1,90.0 }; //结构体变量初始化
```

```
    struct BookInfo{
      char strTitle[32];
      char strAuthor[32];
      int type;
      float price;
    };
    BookInfo c={"编程基础","段老师",1,20.0}//结构体变量初始化
    cout<<li.id<<"\n"<<li.scoreC <<"\n"<<li.grade <<"\n";
    cout<<c.strTitle<<"\n"<<c.strAuthor<<"\n"<<c.Type<<"\n";
    cout<<c.price<<"\n"
  }
```

从例子中可以看到，定义结构体变量时，可以按成员顺序给变量的所有成员赋初值，后续可以直接使用，任何时候都可以使用或修改这些变量的值。

8.2 结构体高级使用

本质上，结构体是定义一种新的数据类型，结构体语法将 C 和 C++的数据类型进行了无限扩展，我们可以定义各种数据类型，而且结构体语法也支持嵌套，也就是结构体成员的类型可以是已经定义好的其他结构类型。

在实际应用中，结构体大量存在，研究人员常使用结构体来封装一些成员以组成新的类型，封装就是将一些相关数据打包到一起作为整体使用，这样可以处理更复杂的问题。特别是在数据库中，结构体是非常基础的语法，数据库中的所有数据记录都是结构体类型，数据库就是一个超级大数组，每个记录就是一个数组元素。

1. 结构体数组

结构体是一种新的数据类型，基本数据类型可以定义数组，结构体当然也是可以定义结构体数组的，其基本语法与基本数据类型一样，如下：

<结构体类型> <数组名>[元素总数]；

结构体数组的每一个元素都是结构体类型，在实际应用中，经常用结构体数组来表示具有相同数据结构的一个群体，如一个班的学生档案，一个车间职工的工资表等。结构体数组与普通数组一样，使用的时候也是按元素存取，不能整体使用，通常使用循环来访问数组的所有元素。结构体数组的每个成员还包含成员，因此访问元素时，还需要再具体到该元素的成员。

除了使用静态数组外，也可以定义动态数组，可以用运算符 new 和 delete 或者 malloc()/calloc()和 free()；举例如下：

```
struct Student{ //定义结构体类型 Student
    int id; //第一成员 id，表示学号
    int grade; //第二成员 grade，表示年级
```

```
    float scoreC; //第三成员 scoreC,表示成绩;
};
void main(){
  int i,listSz;
  cout<<"please input sum:"
  cin>>listSz;
  Student *pList1 = new Student[listSz];
  for( i=0;i<listSz;i++ ){
    cout<<"please input element( id grade scoreC):"
    cin>>pList1[i].id>>pList1[i].grade>>pList1[i].scoreC;
  }
  Student *pList2 = malloc( sizeof(Student)*listSz );
  for( i=0;i<listSz;i++ ){
    pList2[i]=pList1[i];
    //这一句也可以按成员赋值,写成
    //pList2[i].id = pList1[i].id;
    //pList2[i].grade = pList1[i].grade;
    //pList2[i].scoreC = pList1[i].scoreC;
  }
  for( i=0;i<listSz;i++ ){
      cout<<pList2[i].id<<"\n";
      cout<<pList2[i].grade<<"\n";
      cout<<pList2[i].scoreC<<"\n";
  }
  delete []pList1;
  free(pList2);
}
```

这个例子中，先输入动态数组长度(数组大小)，然后用运算符 new 申请了动态数组 pList1，之后用 for 循环逐个输入各个元素每个成员的数据。

输入数据结束后，再次用 malloc 函数申请同样大小的动态数组 pList2，注意 malloc 语法中需要指定数组所用内存大小，此时需要用“sizeof()宏”计算结构体数据类型所占用的内存，然后乘以数组长度才是整个数组所用内存大小。前面讲过“sizeof()宏”的使用，再次提醒 sizeof()不是函数，不能计算变量的内存大小，只能用于获取数据类型的内存大小，也就是说“sizeof()宏”在编写程序的时候就必须知道其结果，而且 sizeof()的结果一定是个常数，“sizeof()宏”不会被编译为执行代码。对于基本类型我们都了解它们所占的内存，sizeof()没有表现出重要性，但是对于结构体，sizeof()就显得非常重要了，有的结构体非常复杂，人工统计数据类型所占内存还是比较麻烦的，使用 sizeof()就简单多了，而且不会出错。

使用 malloc 函数申请好动态数组后，使用 for 循环将数组 pList1 的元素赋值到 pList2 的元素中。注意：结构体元素可以进行整体的“=”赋值操作，当然也可以按成员逐个赋值。再次提醒：不是数组整体赋值，而是元素一个一个赋值，数组不能整体赋值，C 和 C++中没有数组整体赋值的语法。

例子程序将数据复制好后，用 for 循环输出 pList2 数组中的元素，数组输出的内容应该与输入完全一致。

例子程序最后释放动态数组占用的内存。内存申请和释放必须配对使用，这里配对有两层含义：

(1)申请和释放必须配对。有申请就一定要释放，而且申请了再释放，需要可以再申请，再释放。

(2)new 申请的必须由 delete 释放。malloc(包括 calloc 和 realloc)申请的必须由 free 释放，不能相互交叉使用。

结构体数组举例：

```
struct BK{
char strTitle[64];
char strAuthor[64];
float price;
};
void main(){
  BK bkAr[100];
  char author[64];
  int i,j,sum;
  cout<<"please input book sum: ";
  cin>>sum;
  BK *pAll = new BK[sum];
  for( i=0;i<sum;i++ ){
    cout<<"please input book infor(title author price):"
    cin>> pAll[i].strTitle>> pAll[i].strAuthor>>pAll[i].price;
  }
  cout<<"please input author for search:";
  cin>>author;
  for( j=0,i=0;i<sum;i++ ){
    if ( strcmp(pAll[i].strAuthor,author)= =0 ){
    if ( j<100 ){
          bkAr[j]= pAll[i]; j++;
      }
    }
  }
```

```
    cout<<"sum for author is:"<<j<<"\n";
    cout<<"book detail:\n";
    for( i=0;i<j;i++ ){
      cout<<bkAr[i].strTitle<<"\n";
      cout<<bkAr[i].strAuthor <<"\n";
      cout<<bkAr[i].price <<"\n";
    }
    delete []pAll;
}
```

例子的功能是先定义一个书本信息的结构体，在主程序中通过输入数目建立一个书本信息的动态数组，并输入书本信息。然后要求输入作者，通过 for 循环找出本作者的所有书本并保存到静态数组 bkAr 中，打印输出，最后释放动态数组。

2. 结构体大小与内存对齐

结构体申请动态数组时，需要用 sizeof 获取结构体类型所占内存大小，结构体所占内存大小简称结构体大小。结构体大小一般不能简单地将结构体成员大小单纯相加，这是因为现在的编译器为了让程序具有更高的执行效率，对内存进行了对齐优化。例如，对于使用 32bit 字长的 CPU，取 4 个字节的数要比取 1 个字节高效，也更方便，如果结构体中每个成员的首地址都是 4 的整数倍的话，取数据元素时就会更高效，这就是内存对齐的由来。每个特定平台上的编译器都有自己的默认“对齐系数”(也叫对齐模数)。可以通过预编译命令“#pragma pack(n)，n=1，2，4，8，16”来改变这一系数，其中的 n 就是要指定的“对齐系数”，通用规则如下：

(1)数据成员对齐规则：结构体的数据成员，第一个数据成员放在 offset 为 0 的地方，以后每个数据成员的对齐按照#pragma pack 指定的数值和这个数据成员自身长度中比较小的那个进行。

(2)结构体的整体对齐规则：在数据成员完成各自的对齐之后，结构体本身也要进行对齐，对齐将按照#pragma pack 指定的数值和结构体最大数据成员长度中比较小的那个进行。

(3)结合(1)、(2)可推断：当#pragma pack 的 n 值等于或超过所有数据成员长度的时候，这个 n 值将不产生任何效果。

具体说明如下：

```
struct STU{
int id;
char grade;
doble scoreC;
};
```

对于这个结构体如果按 1Byte 对齐，则其大小可以计算如下：

4(int id) + 1(char grade) + 8(double scoreC) = 13Byte

对于这个结构体如果按 2Byte 对齐，则其大小可以计算如下：

4(int id) + 2(char grade) + 8(double scoreC) = 14Byte

对于这个结构体如果按 4Byte 对齐，则其大小可以计算如下：

4(int id) + 4(char grade) + 8(double scoreC) = 16Byte

对于这个结构体如果按 8Byte 对齐，则其大小可以计算如下：

4(int id) + 4(char grade) + 8(double scoreC) = 16Byte

总之，结构体大小是根据编译器优化参数来定的，最理想的方式就是使用 sizeof 自动计算。但是，如果几个人编写同一个软件，相互需要引用函数时，就必须了解对方编译器的优化参数，所以大家最好用相同的参数，否则函数传递的结构体数据在内存中用不同方式对齐会导致无法正确访问。

3. 结构体自引用

结构体成员类型可以嵌套使用结构体，那是否可以定义结构体自身类型的成员(类似函数的递归)呢？这个 C 和 C++不允许，成员如果是结构体自身会引起递归定义，永无结束，但是 C 和 C++允许出现成员是结构体自身的指针，下面举例说明具体情况。

例如，有如下定义：

```
struct STU{
int id; //正确的成员
char grade; //正确的成员
doble scoreC; //正确的成员
STU next; //错误的成员
};
```

这个结构体定义中，最后一个成员“STU next;”使用了自身作为数据类型，此时编译器引起了递归定义，因此是错误的，是不允许出现的。

再看下面的例子：

```
struct STU{
int id; //正确的成员
char grade; //正确的成员
doble scoreC; //正确的成员
STU * next; //正确的成员
};
```

我们将最后一个成员“STU next;”修改为“STU *next;”指针形式，虽然使用了自身定义，但是这个是合法的，可以使用。其实最本质的原因是指针本身是个整数，指针的类型仅仅是用来表明指针指向的数据类型。用自身类型的指针作为成员有什么意义呢？这是一个非常特殊的数据结构，通常可以用来实现列表。就如同连接火车一样，这个数据类型可以将一个个独立的结构元素连接为一个无限长的数据，列表的具体做法为：

(1)先定义第一个结构体变量(动态或者静态都可以)；

(2)给第一个结构体变量的 next 指针动态申请一个空间，形成第二个节点之后，将刚申请的 next 作为当前结构体，又给它的 next 指针动态申请一个空间，如此循环就可以形成超级长的列表；

(3)如果想加长列表，只需继续执行(2)操作，如果希望去掉中间的一个节点，只需让节点的上一个节点的 next 指向自己的 next，这样就可以拆下一个节点。如果想在任意两个节点中插入一个节点，只需要让上一个节点的 next 指向新节点，新节点的 next 指向下一节点的 next 就可以完成插入。

正因为列表的这种可动态修改的特点，列表变为一种非常实用的数据结构，可实现复杂数据的动态管理。计算机操作系统用了很多列表来实现数据管理，例如计算机内存管理内核就是列表，磁盘存储介质的管理也是列表，可以说列表无处不在。列表的实用性在于其可以避免数据的移动，只需要修改指针就可以将数据连接到一起。我们前面讲的数组，无论是动态还是静态，如果要在数组中插入新元素或者删除元素，就必须移动整个数组，当数组比较大时，这个操作将会非常耗费计算机的计算资源，程序执行可能非常卡顿，但如果改用列表，就不会出现这种现象。

列表操作举例：

```
struct LINKNOD{
char strName[32];
int value;
LINKNOD * pNext;
};
void main(){
  LINKNOD  * pHdr=NULL, * pCur=NULL;
  int over=0;
  for(;over==0;){
    cout<<"input over?";
    cin>>over;
    if ( over==1 ) break;
    pCur = new LINKNOD;
    memset( pCur,0,sizeof(LINKNOD) ); //结构体赋值为 0
    if ( pHdr==NULL ) pHdr = pCur;
    cout<<"input node infor(name  value):";
    cin>> pCur->strName >> pCur-> value;
    pCur = pCur->pNext;
  }
  //遍历列表
  pCur=pHdr;
  while( pCur! =NULL ){
    cout<<"node infor: \n";
    cout<<pCur->strName<<" "<<pCur-> value<<" \n";
```

```
    pCur = pCur->pNext;
   }
   //释放列表
   pCur=pHdr;
   while( pCur! =NULL ){
     delete pHdr;
     pHdr = pCur = pCur->pNext;
   }
}
```

例子程序的功能是通过循环建立一个列表，循环中每输入一项都询问是否结束，输入的列表头节点保存在 pHdr 指针中，然后遍历列表并输出链表的内容，最后从头节点开始一个节点一个节点释放列表的内存。注意列表中“pCur = pCur->pNext”的使用，这是通过将指针指向自己的下一个节点来实现遍历列表。

8.3 枚举类型

在实际编程中，有些数据的取值往往是有限的，只是非常小的整数，并且最好为每个值都取一个名字，以方便在后续代码中使用，比如一个星期只有 7 天，一年只有 12 个月，颜色模型只有 R、G、B 3 种基色，等等。

下面的代码以每周 7 天为例，通过“#define”命令来给每天指定一个名字：

```
#define Mon 1
#define Tues 2
#define Wed 3
#define Thurs 4
#define Fri 5
#define Sat 6
#define Sun 7
int main(){
    int day;
    scanf("% d", &day);
    switch(day){
        case Mon: puts("Monday"); break;
        case Tues: puts("Tuesday"); break;
        case Wed: puts("Wednesday"); break;
        case Thurs: puts("Thursday"); break;
        case Fri: puts("Friday"); break;
        case Sat: puts("Saturday"); break;
        case Sun: puts("Sunday"); break;
```

```
        default: puts("Error!");
    }
    return 0;
}
```

运行结果：

输入：5

输出：Friday

#define 命令虽然能解决问题，但也带来了不小的副作用，宏名过多，代码松散，不够简洁。C 和 C++提供了一种枚举(enum)类型，能够列出所有可能的取值，并给它们各取一个名字，定义枚举类型的语法为：

enum<新类型名称>{ 取值 1，取值 2，取值 3，…}；

“enum”是一个新的关键字，专门用来定义枚举类型；“<新类型名称>”就是要定义的枚举类型的名字；“{ 取值 1，取值 2，取值 3，…}”是类型中包含值对应的名字列表。注意最后的“;”不能少。

例如，星期类型的定义：

```
enum week{Mon=1,Tues=2,Wed=3,Thurs=4,Fri=5,Sat=6,Sun=7};
```

定义枚举作为数据类型后，就可以用它定义枚举变量，例如：

```
week a, b, c;
```

有了枚举变量，就可以把列表中的值赋给它：

```
week a = Mon, b = Wed, c = Sat;
```

前面判断用户输入是星期几的程序可以这样写：

```
enum week{ Mon = 1, Tues, Wed, Thurs, Fri, Sat, Sun } day;
int main(){
    scanf("%d", &day);
    switch(day){
        case Mon: puts("Monday"); break;
        case Tues: puts("Tuesday"); break;
        case Wed: puts("Wednesday"); break;
        case Thurs: puts("Thursday"); break;
        case Fri: puts("Friday"); break;
        case Sat: puts("Saturday"); break;
        case Sun: puts("Sunday"); break;
        default: puts("Error!");
    }
    return 0;
}
```

运行结果：

输入：5

输出：Friday

使用枚举需要注意：

(1)枚举列表中的 Mon、Tues、Wed 这些标识符已经用过，不能再定义与它们名字相同的变量。

(2)Mon、Tues、Wed 等都是常量，不能对它们赋值，只能将它们的值赋给其他变量。

(3)枚举和宏其实非常类似，宏在预处理阶段将名字替换成对应的值，枚举在编译阶段将名字替换成对应的值。

8.4 习题

1. 下面对结构体变量的叙述中错误的是：

A. 相同类型的结构体变量间可以相互赋值。

B. 通过结构体变量，可以任意引用它的成员。

C. 结构体变量中某个成员与这个成员类型相同的简单变量间可相互赋值。

D. 结构体变量与简单变量间可以赋值。

2. 若有结构类型定义如下：

```
struct bd{
int x;
float y;
}r, * p=&r;
```

那么，对 r 中的成员 x 的正确引用是：

A. (* p). r. x　　B. (* p). x　　C. p->r. x　　D. p. r. x

3. 设有以下说明语句：

```
struct ex{
  int x ;
  float y;
  char z ;
}example;
```

则下面的叙述中不正确的是：

A. struct ex 是结构体类型。　　B. example 是结构体类型名。

C. x, y, z 都是结构体成员名。　　D. struct 是结构体类型的关键字。

4. 设有如下定义：

```
struct sk{
int a;
float b;
}data, * p;
```

若有 p=&data；则对 data 中的 a 域的正确引用是________。

A. (* p). data. a　　B. (* p). a　　C. p->data. a　　D. p. data. a

5. 输入 5 位同学的一组信息，包括学号、姓名、数学成绩、计算机成绩，求得每位同学的平均分和总分，然后按照总分从高到低排序。

6. 定义一个结构体变量(包括年、月、日)。编写一个函数 days，计算该日期在本年中是第几天(注意闰年问题)。由主函数将年、月、日传递给 days 函数，计算之后，将结果传回到主函数输出。

7. 定义一个平面点的结构体，包含 x，y 坐标，然后输入一些点，形成数组：

(1)求所有输入点的重心。

(2)再输入一个点，求最近点。

(3)再输入两个点，用于表述一个矩形，然后输出被矩形包围的点。

8. 定义一个矩形的结构体，包含 left，right，top，bottom 四个值，代表矩形的范围即(left，bottom)到(right，top)，然后输入两个矩形的坐标值，判断它们是否有交集，有则输出交集矩形，没有则输出提示。

第9章　文　　件

使用计算机时，总是要用到文件，比如常见的 Word 文档、txt 文件、视频文件、音频文件、程序文件，等等，那文件到底是什么呢？

其实文件是计算机对数据的一种组织形式。数据、文件和文件系统与我们日常生活中的文字、书本和图书馆的关系非常类似。数据就如文字，数据如果不经过组织，就是一些杂乱无章的数据，完全没法使用，无法表示具体事物。因此，我们需要通过文件将数据按一定的顺序组织起来，让数据可以表达现实中的事物。计算机组织数据的最小单位就是文件，将能表达清楚某个事物的数据放在一起就可以形成一个文件。需要表达的事物有许许多多，因此就会有各种各样的文件，而且种类多到无法用简单的方式进行分类。因此我们采用与图书馆分类书籍类似的方式对文件进行管理，这种组织模式称为文件系统。

9.1　文件与文件系统

从计算机专业角度来讲，文件系统是操作系统用于明确存储设备(常见的是磁盘)或其分区上组织文件的方法。操作系统中负责管理和存储文件信息的软件机构称为文件管理系统，简称文件系统。

从系统角度来看，文件系统是对文件存储设备的空间进行组织和分配，负责文件存储并对存入的文件进行保护和检索的系统。具体地说，它负责为用户建立文件，存入、读出、修改、转储文件，控制文件的存取，当用户不再使用时撤销文件等。文件系统是操作系统的一部分，它的存在使得应用程序可以方便地使用抽象命名的数据对象和大小可变的空间。

文件系统的功能包括：管理和调度文件的存储空间，提供文件的逻辑结构、物理结构和存储方法；实现文件从标识到实际地址的映射，实现文件的控制操作和存取操作，实现文件信息的共享并提供可靠的文件保密和保护措施，提供文件的安全措施。

文件系统在组织文件时，通常采用分级结构，如 DOS、Windows、OS/2、Macintosh 和类 UNIX 操作系统采用分级(树状)结构组织文件。文件被放置在树状结构中用户希望的位置，在 Windows 中就是文件夹，在 UNIX 中就是目录，图 9-1 就是 Windows 系统的文件系统。

文件系统也规定了文件命名规则。这些规则包括文件名的长度(可以容纳的字符数最大值)，哪些字符可以使用，以及某些系统中文件名后缀可以有多长等。表 9-1 中列出了常见的一些文件系统及其特点。

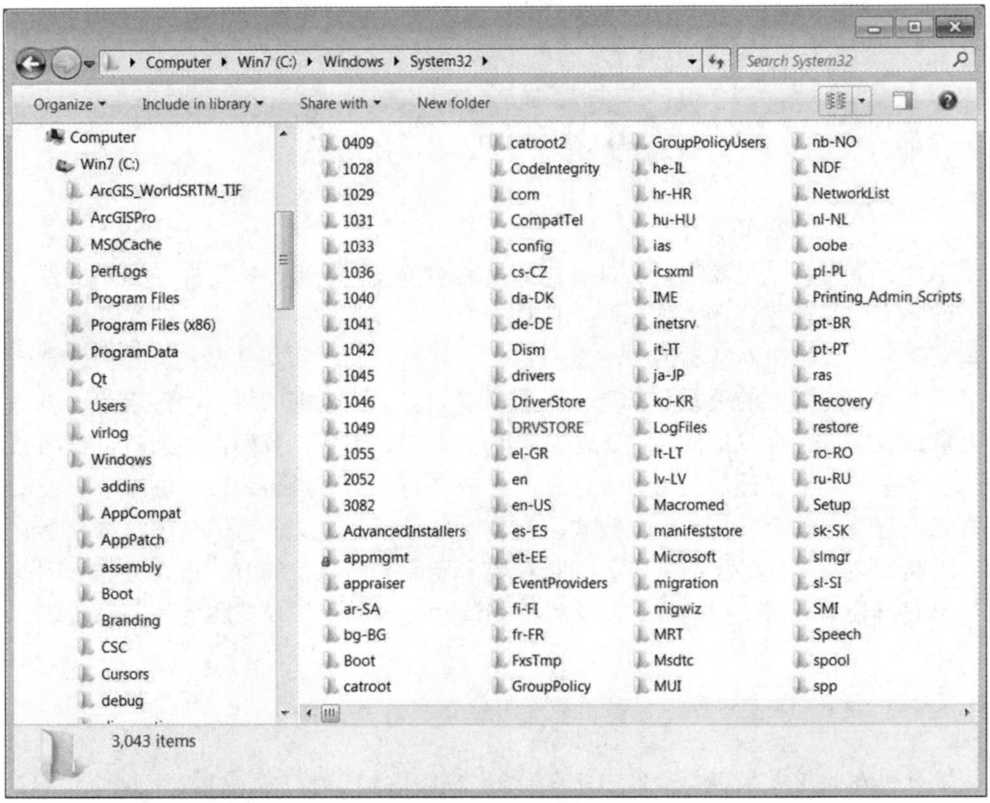

图 9-1　Windows 系统的文件系统

表 9-1　**常见的文件系统及其特点**

文件系统名	操作系统	文件最大容量	最大分区容量	文件名长度
FAT	DOS \ Win9X	1GB	2GB	12 字符
FAT32	Win9X 以后	2GB	32GB	255 字符
extFAT	Win9X 以后	16EB	256TB	255 字符
CDFS	光盘专用	2GB	4GB	255 字符
NTFS	WinNT 以后	2TB	2TB	255 字符
Ext2 \ 3 \ 4	Linux	1TB \ 2TB \ 16TB	4TB \ 16TB \ 1EB	255 字符
BTRFS	Oracle	无限制	无限制	255 字符
ZFS	Solaris	无限制	无限制	255 字符
HFS \ HFS+	Mac OS	2GB \ 1EB		255 字符
ReiserFS	Linux	2TB	16TB	255 字符
VMFS	Vmware VM	无限制	无限制	255 字符

续表

文件系统名	操作系统	文件最大容量	最大分区容量	文件名长度
XFS	Linux	16TB	8EB	255 字符
UFS	Unix	无限制	无限制	255 字符
VXFS	Linux	无限制	无限制	255 字符
WBFS	Linux	无限制	无限制	255 字符
PFS	PS2	无限制	无限制	255 字符

文件系统实现文件的管理，不同的文件系统中，对文件的读写速度差异很大，总体来说文件的读写速度与文件的存放方式有关。例如 Windows 中采用 FAT 或 NTFS 文件系统，FAT 或 NTFS 文件系统对文件采用连续存放的方式管理，也就是一个文件接一个文件，文件中间不留空位，这样如果顺序读写文件速度就比较快，但如果随机读写，那就要遍历文件系统找到位置再读写数据，速度要慢很多。而 Linux 系统采用 Ext 文件系统，Ext 文件系统会将文件分散在整个磁盘，在文件之间留有大量的自由空间，当一个文件被修改时，一般都会有足够的自由空间来保存文件。如果碎片产生了，文件系统会移动文件来减少碎片，因此在 Linux 系统中顺序读写与随机读写文件速度差别不大。

文件系统采用的这种分层管理机制(也称为树状管理)是我们整理归纳各种信息的最基本模式。分层管理机制不仅有利于快速找到目标，也是解决同名问题的一种办法。例如，同一个学校叫小明的有 4 位同学，如果在全校大会上，校长喊“小明”，我们根本无法辨别是在喊哪一位，但是如果喊“2019 级计算机 4 班小明”，大家就能非常准确地定位到这位同学。在文件系统中也存在相同的问题。在程序中直接引用一个文件名是没有意义的，因为操作系统根本不知道用户想要读写哪个文件。我们要使用规范的文件全称，也就是带路径的文件名。

在 Windows 系统中，文件全称的格式是：

<盘符>：\ <一级文件夹名称> \ <二级文件夹名称> \ … <n 级文件夹名称> \ <文件名称>

例如：

D：\ MyDoc \ Program \ Cpp \ Test1. cpp

在 Linux 系统中，文件全称的格式是：

root/<一级文件夹名称>/<二级文件夹名称>/… <n 级文件夹名称>/<文件名称>

例如：

root/Program/Cpp/Test1. cpp

文件系统将文件按分层管理机制组织起来，那么每个文件里面的内容又是怎么组织的呢？

文件内容的组织通常分两种类型：流式文件和记录文件。

流式文件，又称为文本文件或 ASCII 码文件等。文件中的数据按字符流表达含义，是一种典型的顺序文件。

记录文件，又称为二进制文件或随机存取文件。文件中的数据由若干逻辑记录组成，记录由数据项组成，数据项的长度可以是确定的，也可以是不确定的。

9.2　文件操作概念

文本文件是一种典型的流式文件，文件内容用字符 ASCII 码(或 UNICODE 码)按顺序保存在文件中。想要读出文本文件的内容，也必须按顺序来，这有点像水管中的水流，流式文件因此得名。文本文件中只保存能用 ASCII 码表示的有效字符信息，例如英文字母、中文、数字、回车、换行以及各种标点符号等，而不保存其他信息。文本文件保存有效内容后会有个文件结束标志，特别注意这个标志是给系统用的，我们无法修改这个标志。当我们读一个文本文件时，如果读操作遇到这个标志，系统会停止读取，并返回 EOF(End Of File)。

广义的二进制文件指所有的计算机文件，因为文件在存储设备的存放形式为二进制而得名。但通常我们说的二进制文件是指狭义的二进制文件，即除文本文件以外的文件。二进制文件将数据的二进制编码直接保存到对应的存储设备上，文件内容本身就是内容，文件编码是自由的，与原始数据完全对应，非常灵活，利用率也高，但是要想正确地理解和读取，必须知道二进制的组织方式，否则完全无法读取，只根据二进制数值，完全不知道保存的是什么。

从本质上来说，文本文件和二进制文件之间没有区别，因为它们在硬盘上都有一种存放方式：二进制。我们这样区分仅仅是为了更好理解。每个字符由一个字节组成(汉字是两个字节)，每个字节都用-128~127 之间的部分数值来表示，也就是说，-128~127 之间还有一些数据没有对应任何字符的字节。如果一个文件中的每个字节的内容都是可以表示成字符的数据，我们就可以称这个文件为文本文件。可见，文本文件只是二进制文件的一种特例，由于很难严格区分文本文件和二进制文件的概念，所以我们可以简单地认为，如果一个文件专门用于存储文本字符的数据，没有包含字符以外的其他数据，我们就称之为文本文件，除此之外的文件就是二进制文件。

特别注意：计算机的物理存储只有二进制，所以文本文件与二进制文件物理上是一样的，都是二进制的，**但是逻辑上不一样**。例如我们在文本文件中保存字符“7”，在物理存储中保存的是“7”的 ASCII 码 0x37(十进制 55)，而如果我们要想保存数值 7，则应该在文件中保存 0x07(十进制 7)。但是由于 ASCII 码等于 0x07 的字符不是可见字符，因此文本文件中不能保存数值 7。

由于字符的 ASCII 码是用统一标准制定的，因此文本文件可以在 UNIX、Macintosh、Microsoft Windows、DOS 和其他操作系统之间自由交互，而其他格式的文件是很难做到这一点的。

文本文件是基于字符编码的文件，常见的编码有 ASCII 编码、UNICODE 编码等。编码方式上通常采用定长编码(也有非定长编码如 UTF-8)，每个字符在具体编码中是固定的，ASCII 码是 8 个比特的编码，UNICODE 编码一般占 16 个比特。我们用文本处理工具(如记事本)打开一个文件时，工具软件首先读取物理文件上所对应的二进制比特流，然后按照所选择的解码方式来解释这个流，最后将解释结果显示出来。一般来说，软件默认的解码方式是 ASCII 码形式(ASCII 码的一个字符是 8 个比特)，因此是 8 个比特 8 个比特地来解释这个文件流。当打开一个二进制文件时，文本工具也是 8 个比特 8 个比特地来解释，但此时的 8 个比特不是 ASCII 码，因此就会出现乱码(完全没有意义的字符)。

由于文本文件与二进制文件对数据的表示不一样，文本文件通过字符来表达数据的实际含义，而二进制文件直接就是数据本身，因此两种文件的读写完全不一样。文本文件是字符流，字符之间是极度相关的，例如“123.121”这个文本数据，必须是一个整体，而且顺序也必须固定才能表达含义，否则就无法表达这个实际的数值。因此文本文件在 C 和 C++中通常被当作文件数据流。

数据从文件到内存的过程叫作输入流，从内存保存到文件的过程叫作输出流。其实文件是数据源的一种，除了文件，还有数据库、网络、键盘等；数据传递到内存也就是保存到 C 语言的变量(例如整数、字符串、数组、缓冲区等)。我们把数据在数据源和程序(内存)之间传递的过程叫作数据流(Data Stream)。文件流数据就是数据在文件和内存之间传递的过程，类似水从一个地方流到另一个地方。相应地，数据从数据源到程序(内存)的过程叫作输入流(Input Stream)，从程序(内存)到数据源的过程叫作输出流(Output Stream)。

在操作系统中，为了统一对各种硬件的操作，简化接口，不同的硬件设备也都被看成一个数据流。对这些数据流的操作，等同于对磁盘上普通文件的操作，C 和 C++中，通常把显示器称为标准输出流文件，printf 就是向这个输出流文件输出数据；把键盘称为标准输入流文件，scanf 就是从这个输入流文件读取数据。

我们不去深究硬件设备是如何被映射成数据流文件，我们只需要记住，在 C 和 C++语言中，硬件设备可以看成文件，有些输入输出函数不需要指明到底读写哪个文件，系统已经为它们设置了默认的文件，当然我们也可以更改，例如让 printf 向磁盘上的文件输出数据等。

操作文件的正确过程包含三步：**打开文件→读写文件→ 关闭文件。**

一定要牢记：文件在进行读写操作之前要先打开，使用完毕后要关闭。

所谓打开文件，就是获取文件的有关信息，是让程序和文件建立连接的过程。文件信息包括文件名、文件状态、当前读写位置等，这些信息会被保存到一个 FILE 类型的结构体变量中。关闭文件就是断开与文件之间的联系，释放结构体变量，不再对该文件进行操作。

在 C 语言中，文件有多种读写方式，可以一个字符一个字符地读取，也可以读取一整行，还可以读取若干个字节。文件的读写位置也非常灵活，可以从文件开头读取，也可以从中间位置读取。

9.3 打开文件

在 C 语言中，操作文件之前必须先打开文件。所谓“打开文件”，就是让程序和文件建立连接的过程。打开文件之后，程序可以得到文件的相关信息，例如大小、类型、权限、创建者、更新时间等。

打开文件的函数：

FILE ＊fopen(char ＊filename, char ＊mode);

函数参数：

filename：希望打开的文件名，注意是完整的包括路径的文件名。

mode：打开文件的方式。C 和 C++中打开文件的方式非常多，具体如表 9-2 所示。

表 9-2　　**fopen 打开文件方式参数及含义**

打开方式	说　明
"r"	以“只读”方式打开文件。只允许读取，不允许写入。文件必须存在，否则打开失败
"w"	以“写入”方式打开文件。如果文件不存在，那么创建一个新文件；如果文件存在，那么清空文件内容(相当于删除原文件，再创建一个新文件)
"a"	以“追加”方式打开文件。如果文件不存在，那么创建一个新文件；如果文件存在，那么将写入的数据追加到文件的末尾(文件原有的内容保留)
"r+"	以“读写”方式打开文件。既可以读取也可以写入，也就是随意更新文件。文件必须存在，否则打开失败
"w+"	以“写入/更新”方式打开文件，相当于"w"和"r+"叠加的效果。既可以读取也可以写入，也就是随意更新文件。如果文件不存在，那么创建一个新文件；如果文件存在，那么清空文件内容(相当于删除原文件，再创建一个新文件)
"a+"	以“追加/更新”方式打开文件，相当于"a"和"r+"叠加的效果。既可以读取也可以写入，也就是随意更新文件。如果文件不存在，那么创建一个新文件；如果文件存在，那么将写入的数据追加到文件的末尾(文件原有的内容保留)
"t"	文本文件。如果不写，默认为"t"
"b"	二进制文件

函数返回值：

若成功，返回打开的文件结构体指针，若失败，返回 NULL 指针。

读写权限和读写方式可以组合使用，但是必须将读写方式放在读写权限的中间或者尾部(换句话说，不能将读写方式放在读写权限的开头)。例如：

将读写方式放在读写权限的末尾："rb"、"wt"、"ab"、"r+b"、"w+t"、"a+t"。

将读写方式放在读写权限的中间："rb+"、"wt+"、"ab+"。

整体来说，文件打开方式由 r、w、a、t、b、+ 六个字符拼成，各字符的含义是：

r(read)：读；

w(write)：写；

a(append)：追加；

t(text)：文本文件；

b(banary)：二进制文件；

+：读和写都支持。

打开文件举例：

(1)FILE *fp = fopen("d:\\test.txt","rt");

作用：以文本只读方式打开文件"d:\\test.txt"，文件内容只能读，不能写。

(2)FILE *fp = fopen("d:\\test.txt","wt");

作用：以文本写入方式打开文件"d:\\test.txt"，如果文件不存在，则创建新文件，如果文件已经存在，则清空文件内容，而且不能读文件内容，只能写入新数据。

(3)FILE *fp = fopen("d:\\test.dat","rb");

作用：以二进制只读方式打开文件"d:\\test.dat"，文件内容只能读，不能写。

(4)FILE *fp = fopen("d:\\test.dat","wb");

作用：以二进制写入方式打开文件"d:\\test.dat"，如果文件不存在，则创建新文件，如果文件已经存在，则清空文件内容，而且不能读文件内容，只能写入新数据。

(5)FILE *fp = fopen("d:\\test.txt","at");

作用：以文本追加方式打开文件"d:\\test.txt"，如果文件不存在，则创建新文件，如果文件已经存在，则保留文件内容，将新写入的内容添加在文件最后。在这种方式下，数据一旦写入就不能改变，只能不断地往后添加。

(6)FILE *fp = fopen("d:\\test.txt","r+t");

作用：以文本读写方式打开文件"d:\\test.txt"，文件必须存在，如果文件不存在，则返回错误指针 NULL。打开文件时对文件内容不做任何处理，文件打开后读和写都可以，可以任意修改文件内容。

(7)FILE *fp = fopen("d:\\test.txt","w+t");

作用：以文本读写方式打开文件"d:\\test.txt"，如果文件不存在，则创建新文件，如果文件已经存在，则清空文件内容。文件打开后读和写都可以，可以任意修改文件内容，与"r+"的差异就是创建新文件和清空文件内容。

(8)FILE *fp = fopen("d:\\test.dat","r+b");

作用：以二进制读写方式打开文件"d:\\test.dat"，文件必须存在，如果文件不存在，则返回错误指针 NULL。打开文件时对文件内容不做任何处理，文件打开后读和写都可以，可以任意修改文件内容。

9.4 读写文件

文件内容的组织通常分为两种类型：流式文件和记录文件，因此对文件的读写也分为按流式文件读写(又称顺序读写、文本读写)和按记录文件读写(又称随机读写、二进制读写)。

1. 按流式文件读写

按流式读写的文件一般是文本文件，读写常用函数主要是 fscanf()和 fprintf()，它们的使用与输出输入数据的函数 scanf() 和 printf()相似，都是格式化读写函数，两者的区别在于 fscanf()和 fprintf()的读写对象不是键盘和显示器，而是磁盘文件，它们的原型为：

int fscanf (FILE *fp, char * format, …);
int fprintf (FILE *fp, char * format, …);

参数说明：

fp：已经打开好的文件指针。

format：格式控制字符串和参数列表。

返回值：

操作成功则返回输入读写的参数个数，如果出现问题则返回值小于输入读写的参数个数。

文件读写函数都是顺序读写，即读写文件只能从头开始，依次读写各个数据。对于流式读写方式，很难从指定的位置开始读写。对于读操作 fscanf，可以指定从某个位置开始读，只是很难刚好读到正确数据，不过不会损坏数据。但对于写操作 fprintf，一旦指定从某个位置写，它就会直接覆盖原先的数据。要正确读写流式文件，对于读操作，通常只能按顺序读出所有数据，然后通过分析过滤找到需要的数据；对于写操作，通常要从头开始写数据或者在文件最后追加新数据，无论如何都无法在中间插入新数据。

与 scanf()和 printf()相比，fscanf()和 fprintf()仅仅多了一个 f 参数，它们的使用也与 scanf()和 printf()完全一样。其实 scanf()和 printf()的内部就是使用了 fscanf()和 fprintf()。scanf()调用 fscanf()时第一个参数 fp 为 stdin，即标准输入设备键盘，而printf()调用 fprintf()时第一个参数 fp 为 stdout，即标准输出设备屏幕。其"format，…"参数的使用请参考"3.4.3 基本输入输出语句"一节。

流式读写 fscanf()和 fprintf()使用举例：

```
void main(){
  FILE *fp1 = fopen("d:\\src.txt","rt");
  FILE *fp2 = fopen("d:\\des.txt","wt");
  fscanf( fp1,"%d%d",&a,&b);
  fprintf( fp2,"%d  %d",a,b );
  fclose(fp1);
  fclose(fp2);
}
```

例子的程序功能是用读文本方式打开文件"d:\\src.txt"，并以写文本方式打开文件"d:\\des.txt"，然后从"d:\\src.txt"文件中读入两个整数，最后将读入的整数写入"d:\\des.txt"文件中。要正确执行程序，要求读入的文件"d:\\src.txt"必须已经存在，并且里面要保存两个整数。可以先运行 Windows 的"记事本"软件，在里面输入两个整数(如 123，456)，并保存到"d:\\src.txt"文件中。然后运行程序，程序结束后会发现在"d:\\src.txt"文件旁有个新文件"d:\\des.txt"，用记事本程序打开后，会看到里面保存的两个整数与"d:\\src.txt"中的整数是一样的(如 123，456)。

2. 按记录文件读写

记录文件一般是二进制文件，其读写常用函数主要是 fread()和 fwrite()。fread()函数用来从指定文件中读取块数据。所谓块数据，也就是若干个字节的数据，可以是字符、整型数、浮点数以及结构体等各种数据类型。而 fwrite( ) 的功能与 fread( ) 相反，其作用是向文件中写入块数据，它们的原型分别是：

size_t fread (void *ptr, size_t size, size_t count, FILE *fp);

size_t fwrite (void *ptr, size_t size, size_t count, FILE *fp);

参数说明：

ptr：内存区块的指针，它可以是数组、变量、结构体等。fread( ) 中的 ptr 用来存放读取到的数据，fwrite( ) 中的 ptr 用来存放要写入的数据。

size：表示每个数据块的字节数。

count：表示要读写的数据块的块数。

fp：表示已经打开好的文件指针。

返回值：

返回成功读写的块数，也即 count。如果返回值小于 count，对于 fwrite( ) 来说，肯定发生了写入错误，可以用 ferror( ) 函数检测；对于 fread( ) 来说，可能读到了文件末尾，也可能发生了错误，可以用 ferror( ) 或 feof( ) 函数检测。

前面介绍的文件读写函数都是顺序读写，即读写文件从头开始，依次读写各个数据。要实现按需要读写文件的中间部分，对于记录文件(二进制文件)，可以先移动文件内部的位置指针，再进行读写。这种读写方式称为随机读写，也就是说可从文件的任意位置开始读写。

实现随机读写的关键是按要求移动位置指针，这称为文件的定位。文件定位主要有两个函数 rewind 和 fseek，它们的原型如下：

void rewind (FILE *fp);

int fseek (FILE *fp, long offset, int origin);

参数说明：

fp：已经打开好的文件指针，也就是被移动的文件。

offset：偏移量，也就是要移动的字节数。offset 为正时，向后移动，也即向文件尾部移动；offset 为负时，向前移动，也即向文件头移动。

origin：起始位置，也就是从何处开始计算偏移量。C 和 C++规定的起始位置有三种，分别为文件开头、当前位置和文件末尾，每个位置都用对应的常量来表示，通常由如下三个宏来定义：

```
#define SEEK_SET   0  //文件开头
#define SEEK_CUR   1  //当前位置
#define SEEK_END   2  //文件末尾
```

rewind( ) 用来将位置指针移动到文件开头，fseek( ) 用来将位置指针移动到任意位置，rewind( ) 其实就是 fseek(fp, 0, SEEK_SET)。

记录文件读写举例：

```
void main(){
  FILE *fp1 = fopen("d:\\newdat.dat","wb");
  int i,a[100];
```

```
    for(i=0;i<100;i++) a[i]=i;
    fwrite(a,100,sizeof(int),fp1);
    fclose(fp1);
    int b[100];
    fp1 = fopen("d:\\newdat.dat","rb");
    fread(b,100,sizeof(int),fp1);
    fclose(fp1);
    for(i=0;i<100;i++)cout<< b[i]<< "  ";
}
```

例子的程序功能是以二进制写方式打开文件"d:\\newdat.dat"，然后定义了一个数组 a，长度为 100(包含 100 个元素)，然后给数组元素赋值 0 到 99，之后将数组数据用 fwrite 函数写入打开的文件"d:\\newdat.dat"中，关闭文件。

为了验证数据是否写入成功，重新定义数组 b，长度为 100(包含 100 个元素)，然后以二进制读方式打开刚刚写好的文件"d:\\newdat.dat"，之后用 fread 函数将文件内容读入数组中，关闭文件。最后用 for 循环将 b 数组的元素输出到屏幕，屏幕会显示 0 到 99 共 100 个数。

9.5　关闭文件

文件使用完毕，应该把文件关闭，以释放相关资源，避免数据丢失。关闭文件的函数：

int fclose(FILE *fp);

函数参数：

fp：希望关闭的文件指针，必须存在，不能给无效的指针。

函数返回值：

文件正常关闭时 fclose()的返回值为 0，如果关闭文件时发生错误，函数返回 EOF，EOF 是一个定义在头文件 stdio.h 中的常量，通常是-1。因此，对于 fclose()函数，成功则返回 0，不成功则返回非 0。

特别注意：关闭文件是非常重要的操作，因为对文件执行写操作以后，并不会马上写入文件，而只是写入这个文件的输出缓冲区中，只有当这个输出缓冲区满了，或者执行了 fflush 函数(fflush 函数的功能就是将未写入文件的数据立刻写入文件)，或者执行了 fclose 函数以后，才会把输出缓冲区中的内容真正写入文件。如果程序中没有写 fclose 函数，或者没有执行 fclose 函数，则程序结束后数据并不会正常地写入文件，可能只写了一部分，或什么都没有写。因此编写程序时一定要特别注意，确保有 fclose 语句，而且在程序结束前必须被执行。

9.6　文件常用函数

文件操作除了打开、读写、关闭使用的函数外，还有很多操作函数，下面列出常用的一些函数。

1. fgetc 读文件内一个字符的函数

int fgetc(FILE ＊fp);

函数参数：

fp：已经打开好的文件指针，也就是要读取的文件。

函数返回值：

成功时，返回读到的字符，返回的是 int 类型(实际值是字符)，失败或读到文件尾，返回 EOF(就是-1)。

函数功能：

从文件当前读写位置读取一个字符。

实例：

```
void main(void) {
  FILE * fp;
  char c;
  fp = fopen("d:\\test.txt","r");
  while((c = fgetc(fp)) ! = EOF ) printf("% c", c);
  fclose(fp);
}
```

此实例的功能是将文件内容按字符在屏幕上输出。

2. fputc 写一个字符到文件内函数

int fputc(int ch, FILE ＊ fp);

函数参数：

ch：希望写入的字符。

fp：已经打开好的文件指针，也就是要写入的文件。

函数返回值：

成功时，写入文件字符的 ASCII 码值，出错时，返回 EOF(-1)。当正确写入一个字符或一个字节的数据后，文件内部写指针会自动后移一个字节的位置。

函数功能：

将一个字符写入文件当前读写位置。

实例：

```
void main(){
  FILE * fp1, * fp2;
  char c;
  fp1 = fopen("d:\\test1.txt","r");
  fp2 = fopen("d:\\test2.txt","w");
  while((c = fgetc(fp1)) ! = EOF ) fputc(c,fp2);
```

```
  fclose(fp1);
  fclose(fp2);
}
```

此实例功能是将文件 test1. txt 内容复制到 test2. txt。

3. fgets 从文件中读一行字符串函数

char * fgets(char *str, int num, FILE * fp);

函数参数:

str: 指向一个字符数组的指针，该数组存储要读取的字符串。

num: 要读取的最大字符数(包括最后的空字符)。通常是 str 数组的长度。

fp: 已经打开好的文件指针，也就是要读取的文件。

函数返回值:

成功时，该函数返回相同的 str 参数。如果到达文件末尾或者没有读取到任何字符，str 的内容保持不变，并返回一个空指针。

函数功能:

从指定的流 fp 读取一行，并把它存储在 str 所指向的字符串内。当读取 num-1 个字符时，或者读取到换行符时，或者到达文件末尾时，它会停止读取并返回。如果文件中的该行不足 num-1 个字符，则读完该行就结束。如若该行(包括最后一个换行符)的字符数超过 num-1，则 fgets 只返回一个不完整的行，但是，缓冲区总是以 NULL 字符结尾，对 fgets 的下一次调用会继续读该行。函数成功将返回 str，失败或读到文件结尾则返回 NULL。因此不能直接通过 fgets 的返回值来判断函数是否因为出错而终止，应该借助 feof 函数或者 ferror 函数来判断。

实例:

```
void main(void) {
  FILE *fp;
  char str[256];
  fp = fopen("d:\\test.txt","r");
  while(fgets(str,256,fp))! =NULL) printf("% s",str);
  fclose(fp);
}
```

此实例的功能是将文件内容按行在屏幕输出。

4. fputs 写字符串到文件函数

int fputs(const char *str, FILE * fp);

函数参数:

str: 指向一个字符串(空字符结尾)。

fp: 已经打开好的文件指针，也就是要写入的文件。

函数返回值:

成功时，该函数返回一个非负值，出现错误则返回 EOF(-1)。
函数功能：
将给定的字符串写入文件(fp)，但不包括空字符。
实例：

```
void main(){
  FILE *fp1, *fp2;
  char str[256];
  fp1 = fopen("d:\\test1.txt","r");
  fp2 = fopen("d:\\test2.txt","w");
  while(fgets(str,256,fp1)! =NULL) fputs(str,fp2);
  fclose(fp1);
  fclose(fp2);
```

此实例的功能是将文件 tes1. txt 内容复制到 test2. txt 中。

5. getw 以二进制形式读取一个整数

int getw(FILE *fp)
函数参数：
fp：已经打开好的文件指针，也就是要读取的文件。
函数返回值：
成功时，返回读到的整数，失败或读到文件尾，返回 EOF(-1)。
函数功能：
从文件当前读写位置读取一个整数，此函数相当于如下代码：

```
int getw(FILE *fp){
  int rd;
  char *s = &rd;
  s[0]=getc(fp);
  s[1]=getc(fp);
  s[2]=getc(fp);
  s[3]=getc(fp);
  return rd;
}
```

实例：

```
void main(void) {
  FILE *fp;
  int rd;
  fp = fopen("d:\\test.txt","r");
  while((rd = getw(fp)) ! = EOF ) printf("%d ", rd);
```

```
  fclose(fp);
}
```

此实例功能是将文件内容用整数在屏幕输出，注意：不是文件数据的含义，而是保存的数据。

6. feof 判断文件结束函数

int feof(FILE *fp);

函数参数：

fp：已经打开好的文件指针，也就是要判断的文件。

函数返回值：

如果遇到文件结束，函数 feof(fp)的值为非 0 值，否则为 0。

函数功能：

检测输入输出流上的文件结束符，如果文件结束，则返回非 0 值，文件未结束，则返回 0，文件结束符只能被 clearerr()清除。注意：feof 判断文件结束是通过读取函数 fread/fscanf 等返回错误来识别的，故而判断文件是否结束应该是在读取函数之后进行。比如，在 while 循环读取一个文件时，如果是在读取函数之前进行判断，若文件最后一行是空白行，可能会造成内存错误。

实例：

```
void main(void) {
  FILE *fp;
  char c;
  fp = fopen("d:\\test.txt","r");
  while (! feof(file)) {
    c = fgetc(file);
    printf("%c", c);
  }
  fclose(fp);
}
```

此实例的功能是将文件内容按字符在屏幕上输出。

7. ferror 文件读/写出错判断函数

int ferror(FILE *fp);

函数参数：

fp：已经打开好的文件指针，也就是要判断的文件。

函数返回值：

未出错时，返回值为 0(假)，出错时，返回一个非 0 值(真)。

函数功能：

检查在调用各种输入输出函数(如 putc，getc，fread，fwrite 等)时，是否出现错误。

注意，对同一个文件每一次调用输入输出函数，均会产生一个新的 ferror 函数值，因此，应当在调用一个输入输出函数后立即检查 ferror 函数的值，否则信息会丢失。在执行 fopen 函数时，ferror 函数的初始值自动置为 0。

实例：

```
void main(void) {
  FILE *fp;
  fp = fopen("d:\\test.txt","w");
  fput('A',fp);
  if (ferror(fp)) printf("写文件发生错误");
  else printf("未发生错误");
  }fclose(fp);
```

此实例的功能是写一个字符到文件并判断是否发生错误。

8. clearerr 清除文件错误标志函数

void clearerr(FILE *fp);

函数参数：

fp：已经打开好的文件指针，也就是要清除标志的文件。

函数返回值：

无返回。

函数功能：

使文件错误标志和文件结束标志置为 0。假设在调用一个输入输出函数时出现了错误，ferror 函数值为一个非零值，在调用 clearerr(fp)后，ferror(fp)的值变为 0。

实例：

```
void main(void) {
  FILE *fp;
  fp = fopen("d:\\test.txt","w");
  clearerr(fp); //清除原先的错误标志
  fput('A',fp);
  if (ferror(fp)) printf("写文件发生错误");
  else printf("未发生错误");
  fclose(fp);
}
```

此实例的功能是写一个字符到文件并判断是否发生错误。

9. ftell 获取文件读写的当前位置函数

long ftell(FILE *fp);

函数参数：

fp：已经打开好的文件指针，也就是要获取读写位置的文件。

函数返回值：

返回文件当前读写位置相对于文件首的偏移字节数。

函数功能：

用于得到文件读写位置相对于文件首的偏移字节数，可以利用函数 ftell( ) 和函数 fseek( ) 配合，获取文件总长度（也就是文件大小），如“fseek(fp, 0L, SEEK_END); len = ftell(fp);”，len 就是文件总大小。注意：因为 ftell 返回值是 long 型，long 型的取值范围为 $-2^{31} \sim 2^{31}-1$（-2147483648~2147483647），故对大于 2.1G 的文件进行操作时会出问题。

实例：

```
void main(void) {
  FILE * fp;
  Long offset;
  fp = fopen("d:\\test.txt","r");
  offset = ftell(fp);
  printf("当前位置是：%ld\n", offset);
  fgetc(fp);
  offset = ftell(fp);
  printf("当前位置是：%ld\n", offset);
  fclose(fp);
}
```

此实例的功能是输出当前文件读写位置。

10. remove 删除文件函数

int remove(const char * pathname)

函数参数：

pathname：希望删除文件的带全路径文件名。

函数返回值：

成功则返回 0，失败则返回-1。

函数功能：

删除指定的文件或文件夹。如果参数 pathname 为一个文件，则删除文件，无论文件有没有内容都删除。如果参数 pathname 为一个文件夹（目录），则调用 rmdir( ) 来处理。注意：删除文件夹时，只能删除空文件夹，如文件夹中有其他文件，则删除失败。

实例：

```
void main(void) {
  remove("d:\\test.txt");
}
```

此实例的功能是删除"d:\\test.txt"文件。

11. rename 修改文件名函数

int rename(char * oldname, char * newname);

函数参数：

oldname 为旧文件名。

newname 为新文件名。

函数返回值：

成功则返回 0，失败则返回-1。

函数功能：

该函数用于修改一个已经存在的文件名称或者文件夹名称，具体操作取决于 oldname 的类型。如果 oldname 是一个文件，该函数修改文件名称。在修改文件名称的情况下，若 newname 已经存在，则修改文件名称失败。另一种情况是 oldname 是一个文件夹名称，此时该函数的功能是修改文件夹名称。修改文件夹名称也存在多种情况，如果 newname 不存在，函数成功执行，但如果 newname 已经存在且为空文件夹(文件夹中没有任何文件)，此时该函数也可以成功执行，将 oldname 修改为 newname。相反，如果 newname 已经存在且不为空(文件夹中有文件)，则修改失败。特别注意，在修改文件夹名称的时候，newname 不能包含 oldname 作为其前缀，例如，不能将"/usr"更名为"usr/foo/testdir"。此外，如果 oldname 与 newname 完全一致，则函数不做任何处理，而且返回处理成功的值。

实例：

```
void main(void) {
  rename("d:\\test.txt","d:\\newtest.txt");
}
```

此实例的功能是修改文件名"d：\\test.txt"为"d：\\newtest.txt"。

12. access 判断文件夹或者文件是否存在函数

int access(const char *filename, int mode);

函数参数：

filename：希望判断的文件名，文件名必须是带路径的全名称。

mode：要判断的模式，具体含义有：R_OK 只判断是否有读权限；W_OK 只判断是否有写权限；X_OK 判断是否有执行权限；F_OK 只判断是否存在。

函数返回值：

如果指定的模式有效，则函数返回 0，否则函数返回-1。

函数功能：

确定文件或文件夹的访问权限，即检查某个文件的存取方式，比如是只读方式、只写方式等。当对象为文件的时候，access 函数能使用 mode 参数所有的值，当对象为文件夹的时候，access 函数只能判断文件夹是否存在。

实例：

```
void main(void) {
    if (access("d:\test.txt",F_OK)= =0){
        printf("文件 d: \\test.txt 已经存在");
    }else{
        printf("文件 d: \\test.txt 不存在");
    }
}
```

此实例的功能是判断文件"d：\\test. txt"是否存在。

9.7　习题

1. 系统的标准输入文件是指________。
   A. 键盘　　B. 显示器　　C. U 盘　　D. 硬盘
2. 若执行 fopen 函数时发生错误，则函数的返回值是________。
   A. 文件地址值　　B. NULL　　C. TRUE　　D. EOF
3. 若要用 fopen 函数打开一个已存在的二进制文件，进行改写，则文件方式字符串应是________。
   A. "ab+"　　B. "wb+"　　C. "rb+"　　D. "ab"
4. fscanf 函数的正确调用形式是________。
   A. fscanf(fp，格式字符串，输出表列)
   B. fscanf(格式字符串，输出表列，fp)
   C. fscanf(格式字符串，文件指针，输出表列)
   D. fscanf(文件指针，格式字符串，输入表列)
5. fgetc 函数从指定文件读入一个字符，该文件的打开方式必须是________。
   A. 只写　　B. 追加　　C. 读或读写　　D. 答案 B 和 C 都正确
6. fseek 函数的正确调用形式是________。
   A. fseek(文件指针，起始点，位移量)
   B. fseek(文件指针，位移量，起始点)
   C. fseek(位移量，起始点，文件指针)
   D. fseek(起始点，位移量，文件指针)
7. 若 fp 是指向某文件的指针，且已读到文件末尾，则函数 feof(fp)的返回值是________。
   A. EOF　　B. -1　　C. 1　　D. NULL
8. 函数 fseek(fp，0L，SEEK_END)中的 SEEK_END 代表的点是________。
   A. 文件开始　　B. 文件末尾　　C. 文件当前位置　　D. 以上都不对
9. C 语言中，能识别处理的文件为________。

A. 文本文件和数据块文件　　B. 文本文件和二进制文件
C. 流文件和文本文件　　D. 数据文件和二进制文件

10. 已知函数的调用形式：fread(buf, size, count, fp)，参数 buf 的含义是________。
A. 一个整型变量，代表要读入的数据项总数。
B. 一个文件指针，指向要读取的文件。
C. 一个指针，指向要读入数据的存放地址。
D. 一个存储区，存放要读的数据项。

11. 当顺利执行了文件关闭操作时，fclose 函数的返回值是________。
A. -1　　B. FALSE　　C. 0　　D. 1

12. 如果需要打开一个已经存在的非空文件“Demo”进行修改，下面正确的选项是________。
A. fp=fopen("Demo","r");　　B. fp=fopen("Demo","ab+");
C. fp=fopen("Demo","w+");　　D. fp=fopen("Demo","r+");

13. 关于 fwrite (buffer, sizeof(Student), 3, fp) 函数描述不正确的是________。
A. 将 3 名学生的数据块按二进制形式写入文件。
B. 将由 buffer 指定的数据缓冲区内的 3 * sizeof(Student) 个字节的数据写入指定文件。
C. 返回实际输出数据块的个数，若返回 0 值表示输出结束或发生了错误。
D. 若由 fp 指定的文件不存在，则返回 0 值。

14. 检查由 fp 指定的文件在读写时是否出错的函数是________。
A. feof()　　B. ftell()　　C. clearerr(fp)　　D. ferror(fp)

15. 以下可以作为 fopen 中的第一个参数的正确格式是________。
A. “file1.txt”　　B. file1.txt
C. file1.txt, w　　D. “file1.txt, w”

16. 若 fp 是指向某文件的指针，文件操作结束之后，关闭文件指针应使用下列________语句。
A. fp=fclose();　　B. fp=fclose;
C. fclose;　　D. fclose(fp);

17. 函数 rewind 的作用是________。
A. 使位置指针重新返回文件的开头
B. 将位置指针指向文件中所要求的特定位置
C. 使位置指针指向文件的末尾
D. 使位置指针自动移至下一个字符的位置

18. 以下与函数 fseek(fp, 0L, SEEK_SET) 有相同作用的是________。
A. feof(fp)　　B. ftell(fp)　　C. fgetc(fp)　　D. rewind(fp)

19. 编写一个程序，建立一个 abc 文本文件，向其中写入“this is a test”字符串，然后显示该文件的内容。

20. 编写程序时，先通过键盘输入一个文件名，然后把从键盘输入的字符依次存放到该文件中，用“#”作为结束输入的标志。

21. 编写程序实现单词的查找，统计其中包含某个单词的个数。

22. 编写程序，查找指定的文本文件中某个单词出现的行号及该行的内容。

23. 编写程序，统计某 C 语言代码文件中包含句子的个数(以“;”为间隔)。

24. 编写一个程序，把多个文本文件连接成一个文件。

25. 编写一个程序，将指定的文本文件中某个单词替换成另一个单词。

26. 学生的记录包括学号、姓名和成绩等信息，编程实现如下功能：

(1)输入多名学生记录；

(2)利用 fwrite 函数将学生信息按二进制方式写到文件中；

(3)利用 fread 函数从文件中读出成绩并求平均值；

(4)将文件中的学生记录按成绩排序，将成绩单写入文本文件。

参 考 文 献

[1] 童庆禧，孟庆岩，杨杭. 遥感技术发展历程与未来展望[J]. 城市与减灾，2018(6).
[2] 常庆瑞 . 遥感技术导论[M]. 北京：科学出版社，2004.
[3] 宁津生 . 测绘学概论[M]. 3 版. 武汉：武汉大学出版社，2016.
[4] 林辉，刘泰龙，李际平 . 遥感技术基础教程[M]. 长沙：中南大学出版社，2002.
[5] 段延松. 遥感信息处理 C++基础[M]. 武汉：武汉大学出版社，2023.
[6] 段延松. 计算机原理与编程基础[M]. 武汉：武汉大学出版社，2019.
[7] 蒋本珊. 计算机组成原理[M]. 北京：清华大学出版社，2004.
[8] 王志强 . 计算机导论[M]. 北京：电子工业出版社，2007.
[9] 郑学坚，朱定华. 微型计算机原理及应用[M]. 北京：清华大学出版社，2013.
[10] 谭浩强. C 语言程序设计教程[M]. 3 版. 北京：高等教育出版社，2006.
[11] 韩旭，王娣. C 语言从入门到精通[M]. 北京：清华大学出版社，2010.
[12] 明日科技. C 语言函数参考手册[M]. 北京：清华大学出版社，2012.
[13] King. C 语言程序设计现代方法[M]. 吕秀锋，译. 北京：人民邮电出版社，2007.
[14] Sara Ford. Visual Studio 程序员箴言[M]. 谢俊，译. 北京：人民邮电出版社，2010.
[15] Stephen Prata. C Primer Plus[M]. 姜佑，译. 北京：人民邮电出版社，2012.